"十四五"职业教育国家规划教材

新平法识图与钢筋计算

Xin Pingfa Shitu yu Gangjin Jisuan

（第二版）

主 编 肖明和 高玉灿 范忠波
主 审 李翔宇

本书配有钢筋平法多媒体教学系统课件、视频和学习充值卡
视频含有钢筋三维模拟实例

人民交通出版社股份有限公司
北京

内 容 提 要

本书是根据新颁布的《混凝土结构施工图平面整体表示方法制图规则和构造详图》(16G101)图集而编写的配套学习教材,详细阐述了梁、柱、剪力墙、板、基础、楼梯的制图规则及构造要求,并通过三维图形仿真显示构件来讲解平法识图和钢筋计算规则。本书图文并茂、通俗易懂、注重实用、重点突出,且每章后附有大量实训题,可供读者巩固和练习。本书配有钢筋平法多媒体教学课件、视频及教学系统学习卡,可有效辅助教师教学和学生学习。

本书可作为高等院校土建类专业的实训教材,也可作为机构培训用书和相关工程技术人员的参考用书。

图书在版编目(CIP)数据

新平法识图与钢筋计算 / 肖明和,高玉灿,范忠波主编. — 2 版. — 北京 :人民交通出版社股份有限公司,2017.8(2025.1 重印)

ISBN 978-7-114-13913-0

Ⅰ. ①新… Ⅱ. ①肖…②高…③范… Ⅲ. ①钢筋混凝土结构—建筑构图—识图—高等职业教育—教材②钢筋混凝土结构—结构计算—高等职业教育—教材 Ⅳ. ①TU375

中国版本图书馆 CIP 数据核字(2017)第 137337 号

书　　名：**新平法识图与钢筋计算(第二版)**
著　作　者：肖明和　高玉灿　范忠波
责任编辑：李　坤　李　娜
责任校对：孙国靖
责任印制：张　凯
出版发行：人民交通出版社股份有限公司
地　　址：(100011)北京市朝阳区安定门外外馆斜街 3 号
网　　址：http://www.ccpcl.com.cn
销售电话：(010)85285911
总 经 销：人民交通出版社股份有限公司发行部
经　　销：各地新华书店
印　　刷：北京武英文博科技有限公司
开　　本：787×1092　1/16
印　　张：12
字　　数：228 千
版　　次：2012 年 6 月　第 1 版
　　　　　2017 年 8 月　第 2 版
印　　次：2025 年 1 月　第 2 版　第 10 次印刷　总第 22 次印刷
书　　号：ISBN 978-7-114-13913-0
定　　价：43.00 元

(有印刷、装订质量问题的图书,由本公司负责调换)

第二版前言

混凝土结构施工图平面整体表示方法(简称"平法")已在土木工程界广泛应用，结构设计师、建造师、造价工程师、监理工程师、预算员等各类工程技术人员接触的结构施工图也基本采用平法表示。平法不仅在实际工程中产生了巨大影响，而且对教育与研究的影响也已逐渐显现。高等院校土建类专业是培养建筑技术人才的摇篮，一直承担为国家培养、输送专业技术人才之重任。随着平法在建筑行业的全面运用，对于土建相关专业学生而言，看懂平法表示的结构施工图，根据平法进行设计、施工、监理、造价计量等是他们将来需要掌握的基本知识。平法内容丰富，比较理论和抽象，要学好平法知识较为困难。一些高等院校虽然开设了平法课程，但大多只是在建筑结构课程中作简单的介绍，这就导致了学生毕业后无法真正读懂施工图纸，应届毕业生难以真正满足建筑行业的市场要求。《新平法识图与钢筋计算》正是基于建筑职业教学需求而编写的一本实训型教材。

本书根据 2016 年 9 月颁布的《混凝土结构施工图平面整体表示方法制图规则和构造详图》对第一版图书进行了修订和改写，详细阐述了梁、柱、剪力墙、板、基础、楼梯的制图规则及构造要求，并通过三维图形仿真显示构件来讲解平法识图和钢筋计算规则。本书图文并茂、通俗易懂、注重实用、重点突出，且每章后附有大量实训题，可供学生巩固和练习。本书配有丰富的视频资源，有助于读者理解和掌握平法识图中的重点和难点，并进行一定的知识拓展，读者扫描书中的二维码即可观看。此外，本书附赠学习卡，读者输入学习卡上的账号和密码，即可登录网站进行系统学习。

本书由济南工程职业技术学院肖明和，济南奥体科技发展有限公司高玉灿、范忠波负责修订，由中国建筑科学研究院有限公司李翔宇主审。

限于编写时间和作者水平，书中难免存在疏漏和不足之处，恳请广大读者批评指正。

编者
2017 年 5 月

第一版前言

目前混凝土结构施工图平面整体表示方法(简称"平法")已在全国结构工程中全面应用,平法标注已得到了结构设计师、建造师、造价师、监理师、预算人员和技术工人的普遍采用。平法不仅在建筑工程界产生了巨大影响,而且对教育界、研究界的影响也已逐渐显现。高等院校土建类专业是建筑技术人才的摇篮,一直承担为国家培养、输送专业技术人才之重任。随着混凝土结构施工图平面整体表示方法在建筑行业的全面运用,对于土建相关专业学生而言,看懂平法表示的施工结构图,根据平法进行工程施工、工程监理、工程造价、工程设计等是他们将来需要面临的基本工作。而高等院校中开设平法钢筋相关课程的院校很少,有些也只是在建筑结构课程中作简单的介绍,这就导致了学生毕业后无法真正读懂施工图纸,应届毕业生难以真正满足建筑行业的市场要求。《新平法识图与钢筋计算》正是基于建筑职业教学需求而编写的一本实训型教材。

混凝土结构施工图平面整体表示方法内容丰富,比较理论和抽象,要学好平法知识较为困难。本书是根据2011年9月颁布的《混凝土结构施工图平面整体表示方法制图规则和构造详图》而编写的一本配套学习教材,详细阐述了梁、柱、剪力墙、板、基础、楼梯的制图规则及构造要求。通过三维图形仿真显示构件来讲解平法识图和钢筋计算规则。本书图文并茂、通俗易懂、注重实用、重点突出,每章节后面附有大量实训题,可供学生巩固和练习。

全书共分7章:第1章、第2章由肖明和编写;第3章、第4章由张保生和申其中编写;第5章由夏玉英编写;第6章由赵继伟编写;第7章由郑永波编写。本书所有三维插图由范忠波绘制。本书由吕振卫担任主审。

限于编写时间和作者水平,书中难免存在疏漏和不足之处,恳请广大读者批评指正。

编者

2012 年 5 月

目 录

第一章　平法识图与钢筋计算基础知识

第一节　平法基础知识

一、什么是平法

平法是指混凝土结构施工图平面整体表示方法,即将构件的结构尺寸、标高、构造、配筋等信息,按照平面整体表示方法的制图规则,直接标示在各类构件的结构平面布置图上,再与标准构造图相配合,构成一套完整、简洁、明了的结构施工图,是我国结构施工图设计方法的重大创新。

平法于 1995 年由山东大学陈青来教授提出和创编,并通过了建设部科技成果鉴定,被国家科委列为"九五"国家级科技成果重点推广计划项目,是国家重点推广的科技成果。由中国建筑标准设计研究院编制的《混凝土结构施工图平面整体表示方法制图规则和构造详图》(G101)系列图集是国家建设标准设计图集,自 2003 年开始,平法在全国推广应用于结构设计、施工、监理等各个领域。

二、平法的特点

我国的建筑结构施工图设计经历了三个阶段:第一阶段,新中国成立初期至 20 世纪 90 年代末的详图法(又称配筋图);第二阶段,20 世纪 80 年代初期至 90 年代初在东南沿海开放城市应用的梁表法;第三阶段,从 20 世纪 90 年代至今普及的平法。经过实践证明,平法有以下优点:

(1)采用标准化的设计制图规则,表达数字化、符号化,单张图纸的信息量大且集中。

(2)构件分类明确、层次清晰、表达准确,设计速度快,效率成倍提高。

(3)使设计者易掌握全局,易进行平衡调整,易修改,易校审,改图可不牵连其他构件,易控制设计质量。

(4)大幅度降低设计成本,与传统方法相比图纸量减少 70% 左右,综合设计工日减少2/3以上。

(5)平法施工图更便于施工管理,传统施工图在施工过程中逐层验收梁等构件的钢筋时需反复查阅大宗图纸,而平法施工图中一张图就包括了一层梁等构件的全部数据。

平法施工图的表达方式主要有平面注写方式、列表注写方式和截面注写方式三种,各种表达方式基本遵循同一性的注写顺序,即:

(1)构件编号及整体特征。

(2)构件截面尺寸。

(3)构件配筋信息。

(4)构件标高等其他必要的说明。

三、平法的现状

2016 年 9 月由中国建筑标准设计研究院编制的《混凝土结构施工图平面整体表示方法制图规则和构造详图》16G101-1(图 1-1)、16G101-2、16G101-3 系列图集替代了原 11G101 系列图集。

图 1-1 16G101-1 图集封面

最新执行的 16G101 图集包含:

16G101-1《混凝土结构施工图平面整体表示方法制图规则和构造详图(现浇混凝土框架、剪力墙、梁、板)》(替代 11G101-1)。

16G101-2《混凝土结构施工图平面整体表示方法制图规则和构造详图(现浇混凝土板式楼梯)》(替代 11G101-2)。

16G101-3《混凝土结构施工图平面整体表示方法制图规则和构造详图(独立基础、条形基础、筏板基础、桩基础)》(替代 11G101-3)。

四、如何学好平法

用平法表示的建筑施工图是工程设计、施工、监理、招投标、审计最重要的依据,因此平法是建筑工程技术、工程监理、工程造价等相关专业的学生必须掌握的重点专业知识之一。平法已经在工程实践中得到广泛应用,但作为教学内容的时间还很短。不掌握平法,就不能够完整地看懂结构施工图,继而不能根据结构施工图进行施工或预算,所以学好平法知识至关重要。

平法图集包括制图规则和构造详图两部分:制图规则是设计人员绘制平法施工图的制图依据,也是施工、造价人员阅读平法施工图的语言;构造详图是构件标准的构造做法,也是钢筋工程量计算的依据。平法的学习要领可归纳为系统梳理、要点记忆和构件对照。

1.系统梳理

平法知识是一个系统体系,由墙、梁、板、柱、楼梯、基础几大构件组成,这些构件之间既有明显的关联性,又具有相对独立性。关联性指基础梁是柱和墙的支座,柱和墙是梁的支座,梁是板的支座;柱钢筋贯通,梁进柱锚固;梁钢筋贯通,板进梁锚固;基础主梁钢筋全部贯通,且须保持柱位置钢筋的连通,框架结构各构件关系如图 1-2 所示。相对独立性是指在平法施工图中,构件自成体系,无其他构件设计内容,即梁、板、柱配筋各自表示在一张图上。

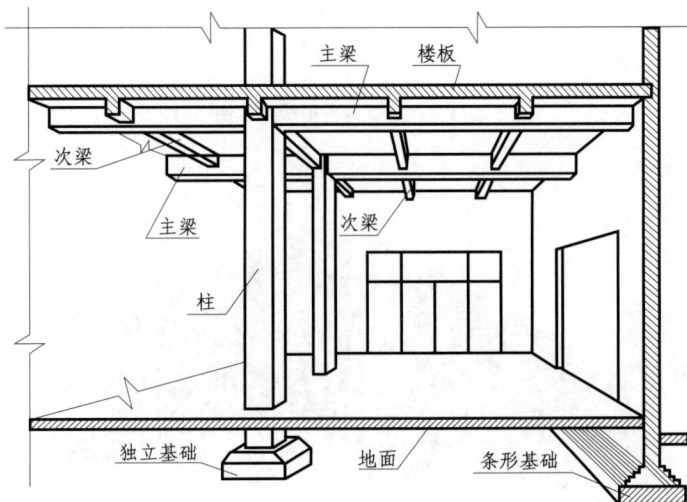

图 1-2 框架结构各构件关系示意图

2.要点记忆

平法学习过程中,有些基本的要点知识是需要记忆的,如受拉钢筋抗震基本锚固长度

l_{abE}、受拉钢筋非抗震基本锚固长度 l_{ab}、受拉钢筋锚固长度修正系数 ζ_a、混凝土保护层最小厚度、钢筋弯钩增加值等;另外,还有结构施工图中构件的识别符号,每一个符号代表一种类型的构件,如 KZ 代表框架柱,KL 代表框架梁,CL(L)代表次梁,Q 代表剪力墙等,这些是学习平法识图的基本要点知识。

3. 构件对比

在 16G101 图集里,比较难理解的是节点构造详图(图 1-3、图 1-4),同类构件之间由于前提条件不同,节点构造也不同,所以构件对比不仅存在于不同构件之间,同类构件不同节点构造之间也可以对比记忆理解。不同构件之间,如顶层柱和框架梁之间,箍筋的计算规则是类似的,暗柱和剪力墙之间拉钩筋计算规则是类似的。同类构件之间,如在 16G101 图集中顶层柱有 1、2、3、4、5 五种不同的节点,在不同的条件下它们纵筋的长度计算有区别,如果单独记忆理解这五种节点构造是不容易的,但对比记忆其各自所需要的条件就相对容易多了。

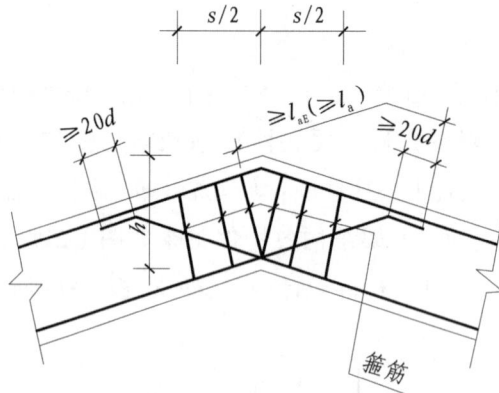

图 1-3 节点构造平面图示例

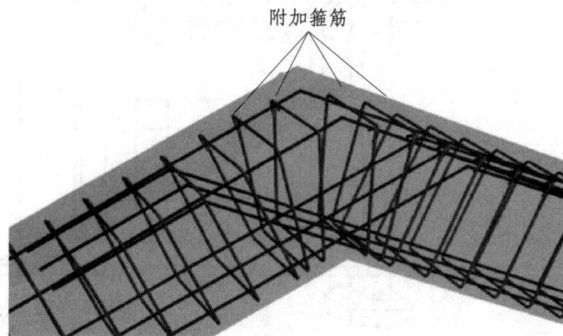

图 1-4 节点构造三维图示例

学习平法需要一个过程,最好的方法莫过于理论联系工程实践。本书给出的大量三维立体示意图,可化抽象为形象,化死记硬背为理解记忆,以循序渐进地深入学习。

第二节　钢筋工程量计算的基础知识

钢筋工程量计算的过程可概括为从结构平面图的钢筋标注出发,根据结构的特点和钢筋所在的部位,计算钢筋的长度和根数,最后得到钢筋的重量。各类定额都以钢筋重量作为钢筋工程量的计量标准。钢筋工程量计算还会用在钢筋下料长度的计算,就是根据平法施工图计算出每根钢筋的形状和细部尺寸,再考虑钢筋制作时的弯曲伸长率,这是钢筋工或者钢筋下料人员所需要掌握的。对于单根钢筋来说,预算长度和下料长度不同,预算长度按照钢筋的外皮计算,下料长度按照钢筋的中轴线计算,例如一根预算长度为1m的钢筋,其下料长度是小于1m的,因为钢筋在弯曲的过程中会变长,如果按照1m下料,肯定会长出一些。囿于篇幅,本书不对钢筋下料长度计算作详细介绍,读者可参考相关书籍。

钢筋工程量计算的前提是正确认识和理解平法施工图,掌握平法的规则和节点构造,这也是施工人员和监理人员所必须具备的技能。在钢筋工程量计算时,需要了解的基本知识主要包括以下几方面。

一、钢筋符号及标注

1. 钢筋符号

《混凝土结构工程施工质量验收规范》(GB 50204—2015)及16G101图集中将钢筋种类分为HPB300、HRB335、HRB400、HRB500四种级别。在结构施工图中,为了区别钢筋的级别,每一个等级用一个符号来表示,如HPB300用Φ表示(旧称"一级钢"),HRB335用Φ表示(旧称"二级钢",新规范中已不推荐此级别),HRB400用Φ表示(旧称"三级钢"),HRB500用Φ表示(旧称"四级钢")。

2. 钢筋标注

在结构施工图中,构件的钢筋标注要遵循一定的标准:

(1)纵筋需标注钢筋的根数、直径和等级,如4Φ25,其中4表示钢筋的根数,25表示钢筋的直径,Φ表示钢筋等级为HRB400钢筋。

(2)箍筋需标注钢筋的等级、直径和相邻钢筋中心距,如Φ10@100,其中10表示钢筋直径,@为中心距符号,100表示相邻钢筋的中心距离,Φ表示钢筋等级为HPB300钢筋。

二、钢筋的混凝土保护层最小厚度

为了保护钢筋在混凝土内部不被侵蚀,并保证钢筋与混凝土之间的黏结力,钢筋混凝土构件都必须设置保护层,最外层钢筋外边缘到混凝土表面的距离称为混凝土保护层。影响保护层厚度的四大因素有环境类别、构件类型、混凝土强度等级、结构设计年限。

环境类别的确定见表1-1,不同环境类别混凝土保护层的最小厚度取值见表1-2。

混凝土结构环境类别表 表1-1

环境类别	条 件
一	室内干燥环境; 无侵蚀性静水浸没环境
二 a	室内潮湿环境; 非严寒和非寒冷地区的露天环境; 非严寒和非寒冷地区与无侵蚀性的水或土壤直接接触的环境; 严寒和寒冷地区的冰冻线以下与无侵蚀性的水或土壤直接接触的环境
二 b	干湿交替环境; 水位频繁变动环境; 严寒和寒冷地区的露天环境; 严寒和寒冷地区的冰冻线以上与无侵蚀性的水或土壤直接接触的环境
三 a	严寒和寒冷地区冬季水位变动区环境; 受除冰盐影响环境; 海风环境
三 b	盐渍土环境; 受除冰盐作用环境; 海岸环境
四	海水环境
五	受人为或自然的侵蚀性物质影响的环境

混凝土保护层的最小厚度 表1-2

环 境 类 别	板、墙(mm)	梁、柱(mm)
一	15	20
二 a	20	25
二 b	25	35
三 a	30	40
三 b	40	50

对于受力钢筋,其混凝土保护层最小厚度的确定要特别注意以下两点:

(1)混凝土强度等级不大于C25时,表1-2中保护层厚度值应增加5mm。

(2)基础底面钢筋的保护层厚度,有混凝土垫层时应从垫层顶面算起,且不应小于40mm。

三、钢筋锚固值

为了使钢筋和混凝土共同受力,使钢筋不被从混凝土中拔出来,需要将钢筋伸入支座处,其伸入支座的长度除了满足设计要求外,还要不小于钢筋的基本锚固长度,在16G101-1图集第57页对受拉钢筋基本锚固长度做出了规定,见表1-3。

受拉钢筋基本锚固长度 l_{ab}　　　　　　表 1-3a

钢 筋 种 类	混凝土强度等级								
	C20	C25	C30	C35	C40	C45	C50	C55	≥C60
HPB300	39d	34d	30d	28d	25d	24d	23d	22d	21d
HRB335	38d	33d	29d	27d	25d	23d	22d	21d	21d
HRB400、HRBF400、RRB400	—	40d	35d	32d	29d	28d	27d	26d	25d
HRB500、HRBF500	—	48d	43d	39d	36d	34d	32d	31d	30d

抗震设计时受拉钢筋基本锚固长度 l_{abE}　　　　　　表 1-3b

钢筋种类及抗震等级		混凝土强度等级								
		C20	C25	C30	C35	C40	C45	C50	C55	≥C60
HPB300	一、二级	45d	39d	35d	32d	29d	28d	26d	25d	24d
	三级	41d	36d	32d	29d	26d	25d	24d	23d	22d
HRB335	一、二级	44d	38d	33d	31d	29d	26d	25d	24d	24d
	三级	40d	35d	31d	28d	26d	24d	23d	22d	22d
HRB400、HRBF400	一、二级	—	46d	40d	37d	33d	32d	31d	30d	29d
	三级	—	42d	37d	34d	30d	29d	28d	27d	26d
HRB500、HRBF500	一、二级	—	55d	49d	45d	41d	39d	37d	36d	35d
	三级	—	50d	45d	41d	38d	36d	34d	33d	32d

16G101-1图集关于锚固值的规定,见表1-4。

受拉钢筋锚固长度 l_a　　　　　　表 1-4a

钢 筋 种 类	混凝土强度等级																
	C20	C25		C30		C35		C40		C45		C50		C55		≥C60	
	d≤25	d≤25	d>25	d≤25	d>25	d≤25	d>25	d≤25	d>25	d≤25	d>25	d≤25	d>25	d≤25	d>25	d≤25	d>25
HPB300	39d	34d	—	30d	—	28d	—	25d	—	24d	—	23d	—	22d	—	21d	—
HRB335	38d	33d	—	29d	—	27d	—	25d	—	23d	—	22d	—	21d	—	21d	—
HRB400、HRBF400、RRB400	—	40d	44d	35d	39d	32d	35d	29d	32d	28d	31d	27d	30d	26d	29d	25d	28d
HRB500、HRBF500	—	48d	53d	43d	47d	39d	43d	36d	40d	34d	37d	32d	35d	31d	34d	30d	33d

受拉钢筋抗震锚固长度 l_{aE}　　　　　　　　　　　　　　　　　　表 1-4b

钢筋种类及抗震等级		混凝土强度等级																
		C20	C25		C30		C35		C40		C45		C50		C55		≥C60	
		d≤25	d≤25	d>25	d≤25	d>25	d≤25	d>25	d≤25	d>25	d≤25	d>25	d≤25	d>25	d≤25	d>25	d≤25	d>25
HPB300	一、二级	45d	39d	—	35d	—	32d	—	29d	—	28d	—	26d	—	25d	—	24d	—
	三级	41d	36d	—	32d	—	29d	—	26d	—	25d	—	24d	—	23d	—	22d	—
HRB335	一、二级	44d	38d	—	33d	—	31d	—	29d	—	26d	—	25d	—	24d	—	24d	—
	三级	40d	35d	—	30d	—	28d	—	26d	—	24d	—	23d	—	22d	—	22d	—
HRB400、HRBF400	一、二级	—	46d	51d	40d	45d	37d	40d	33d	37d	32d	36d	31d	35d	30d	33d	29d	32d
	三级	—	42d	46d	37d	41d	34d	37d	30d	34d	29d	33d	28d	32d	27d	30d	26d	29d
HRB500、HRBF500	一、二级	—	55d	61d	49d	54d	45d	49d	41d	46d	39d	43d	37d	40d	36d	39d	35d	38d
	三级	—	50d	56d	45d	49d	41d	45d	38d	42d	36d	39d	34d	37d	33d	36d	32d	35d

受拉钢筋锚固长度 l_a、抗震锚固长度 l_{aE} 和受拉钢筋锚固长度修正系数 ζ_a　　　　　　表 1-4c

受拉钢筋锚固长度 l_a、抗震锚固长度 l_{aE}	受拉钢筋锚固长度修正系数 ζ_a		
1. l_a、l_{aE} 不应小于 200mm。 2. 锚固长度修正系数 ζ_a 按本表取用,当多于一项时,可按连乘计算,但不应该小于 0.6。 3. 四级抗震时,$l_a = l_{aE}$	锚固条件		ζ_a
	环氧树脂涂层带肋钢筋		1.25
	施工过程中易受扰动的钢筋		1.10
	锚固区保护层厚度	3d	0.80
		5d	0.70

注: $l_a = \zeta_a l_{ab}$,$l_{aE} = \zeta_{aE} \zeta_a l_{ab}$。

四、搭接长度

　　钢筋的搭接长度是钢筋计算中的一个重要参数,16G101-1 图集对搭接长度的规定见表 1-5。

纵向受拉钢筋搭接长度 l_l　　　　　　　　　　　　　　　　　　表 1-5a

钢筋种类及同一区段内搭接钢筋面积百分率		混凝土强度等级																
		C20	C25		C30		C35		C40		C45		C50		C55		C60	
		d≤25	d≤25	d>25	d≤25	d>25	d≤25	d>25	d≤25	d>25	d≤25	d>25	d≤25	d>25	d≤25	d>25	d≤25	d>25
HPB300	≤25%	47d	41d	—	36d	—	34d	—	30d	—	29d	—	28d	—	26d	—	25d	—
	50%	55d	48d	—	42d	—	39d	—	35d	—	34d	—	32d	—	31d	—	29d	—
	100%	62d	54d	—	48d	—	45d	—	40d	—	38d	—	37d	—	35d	—	34d	—
HRB335	≤25%	46d	40d	—	35d	—	32d	—	30d	—	28d	—	26d	—	25d	—	25d	—
	50%	53d	46d	—	41d	—	38d	—	35d	—	32d	—	31d	—	29d	—	29d	—
	100%	61d	53d	—	46d	—	43d	—	40d	—	37d	—	35d	—	34d	—	34d	—

续上表

钢筋种类及同一区段内搭接钢筋面积百分率		C20		C25		C30		C35		C40		C45		C50		C55		C60	
		d≤25	d>25	d≤25	d>25	d≤25	d>25	d≤25	d>25	d≤25	d>25	d≤25	d>25	d≤25	d>25	d≤25	d>25
HRB400 HRBF400 RRB400	≤25%	—		48d	53d	42d	47d	38d	42d	35d	38d	34d	37d	32d	36d	31d	35d	30d	34d
	50%	—		56d	62d	49d	55d	45d	49d	41d	45d	39d	43d	38d	42d	36d	41d	35d	39d
	100%	—		64d	70d	56d	62d	51d	56d	46d	51d	45d	50d	43d	48d	42d	46d	40d	45d
HRB500 HRBF500	≤25%	—		58d	64d	52d	56d	47d	52d	43d	48d	41d	44d	38d	42d	37d	41d	36d	40d
	50%	—		67d	74d	60d	66d	55d	60d	50d	56d	48d	52d	45d	49d	43d	48d	42d	46d
	100%	—		77d	85d	69d	75d	62d	69d	58d	64d	54d	59d	51d	56d	50d	54d	48d	53d

纵向受拉钢筋抗震搭接长度 l_{lE}　　　　表 1-5b

抗震等级	钢筋种类	面积百分率	C20	C25		C30		C35		C40		C45		C50		C55		C60	
			d≤25	d≤25	d>25	d≤25	d>25	d≤25	d>25	d≤25	d>25	d≤25	d>25	d≤25	d>25	d≤25	d>25	d≤25	d>25
一、二级抗震等级	HPB300	≤25%	54d	47d	—	42d	—	38d	—	35d	—	34d	—	31d	—	30d	—	29d	—
		50%	63d	55d	—	49d	—	45d	—	41d	—	39d	—	36d	—	35d	—	34d	—
	HRB335	≤25%	53d	46d	—	40d	—	37d	—	35d	—	31d	—	30d	—	29d	—	29d	—
		50%	62d	53d	—	46d	—	43d	—	41d	—	36d	—	35d	—	34d	—	34d	—
	HRB400 HRBF400	≤25%	—	55d	61d	48d	54d	44d	48d	40d	44d	38d	43d	37d	42d	36d	40d	35d	38d
		50%	—	64d	71d	56d	63d	52d	56d	46d	52d	45d	49d	43d	49d	42d	46d	41d	45d
	HRB500 HRBF500	≤25%	—	66d	73d	59d	65d	54d	59d	49d	55d	47d	52d	44d	48d	43d	47d	42d	46d
		50%	—	77d	85d	69d	76d	63d	69d	57d	64d	55d	60d	52d	56d	50d	55d	49d	53d
三级抗震等级	HPB300	≤25%	49d	43d	—	38d	—	35d	—	31d	—	30d	—	29d	—	28d	—	26d	—
		50%	57d	50d	—	45d	—	41d	—	36d	—	35d	—	34d	—	32d	—	31d	—
	HRB335	≤25%	48d	42d	—	36d	—	34d	—	31d	—	29d	—	28d	—	26d	—	26d	—
		50%	56d	49d	—	42d	—	39d	—	36d	—	34d	—	32d	—	31d	—	31d	—
	HRB400 HRBF400	≤25%	—	50d	55d	44d	49d	41d	44d	36d	41d	35d	40d	34d	38d	32d	36d	31d	35d
		50%	—	59d	64d	52d	57d	48d	52d	42d	48d	41d	46d	40d	45d	38d	42d	36d	41d
	HRB500 HRBF500	≤25%	—	60d	67d	54d	59d	49d	54d	46d	50d	43d	47d	41d	44d	40d	43d	38d	42d
		50%	—	70d	78d	63d	69d	57d	63d	53d	59d	50d	55d	48d	52d	46d	50d	45d	49d

注：当位于同一区段内的钢筋搭接接头面积百分率为表中数据中间值时，搭接长度可按内插取值。

受拉钢筋搭接长度 l_l、抗震搭接长度 l_{lE} 和受拉钢筋搭接长度修正系数 ζ_l　　　　表 1-5c

受拉钢筋搭接长度 l_l、抗震搭接长度 l_{lE}	受拉钢筋搭接长度修正系数 ζ_l		
	搭接条件		ζ_l
1. l_l、l_{lE} 不应小于 300mm。	环氧树脂涂层带肋钢筋		1.25
2. 搭接长度修正系数 ζ_l 按本表取用，当多于一项时，可按连乘计算，但不应小于 0.6。	施工过程中易受扰动的钢筋		1.10
3. 四级抗震时，$l_{lE} = l_l$。	搭接区保护层厚度	3d	0.8
		5d	0.7

注：1. $l_{lE} = \zeta_l l_l$。

　　2. 直径不同的钢筋搭接时，l_{lE} 和 l_l 按直径较小的钢筋计算。

五、钢筋的连接

在施工过程中,当钢筋不够长时(钢筋出厂长度一般是9m),需要进行连接。钢筋的主要连接方式有三种:绑扎连接(图1-5)、机械连接(图1-6)和焊接(图1-7)。为了保证钢筋受力可靠,对钢筋连接接头范围和接头加工质量有如下规定:

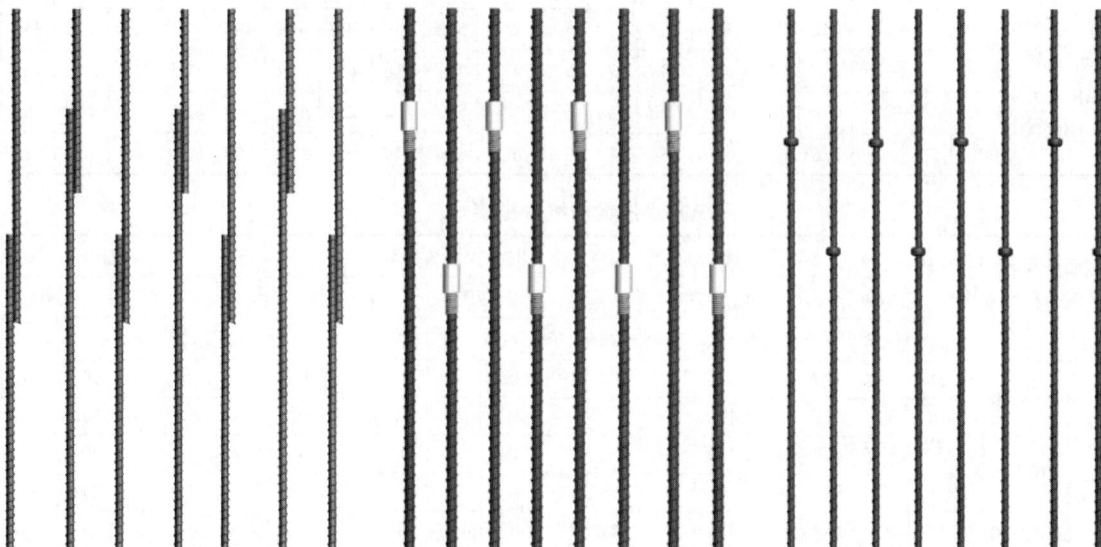

图1-5 钢筋绑扎搭接示意图　　　图1-6 钢筋机械连接示意图　　　图1-7 钢筋对焊示意图

(1)当受拉钢筋直径>25mm及受压钢筋直径>28mm时,不宜采用绑扎搭接。

(2)轴心受拉及小偏心受拉构件中纵向受力钢筋不应采用绑扎搭接。

(3)纵向受力钢筋连接位置宜避开梁端、柱端箍筋加密区。当必须在此连接时,应采用机械连接或焊接。

六、钢筋质量

在钢筋工程量的计算中,当算出了钢筋长度后,再乘以每米钢筋质量就可以得出钢筋总质量。钢筋每米质量见表1-6。

钢筋每米质量表　　　　　　　　　　　　　　　　　　　　　　表1-6

钢筋直径(mm)	钢筋每米质量(kg)	钢筋直径(mm)	钢筋每米质量(kg)
6	0.222	16	1.578
6.5	0.26	18	1.998
8	0.395	20	2.466
10	0.617	22	2.98
12	0.888	25	3.85
14	1.21	28	4.83

第二章　梁平法识图与钢筋长度计算

教学课件

本章重点讲解梁的平面标注方式和截面标注方式,并对框架梁通长筋、支座负筋、架立筋、吊筋、拉筋和8种悬挑梁节点进行三维构造展示,同时列出上下通长筋、端支座负筋、中间支座负筋、架立筋、吊筋、拉筋、箍筋和悬挑梁钢筋长度的计算公式。

教学目标

通过本章的学习,能帮助学生熟悉梁的平法识图,掌握梁平法施工图的制图规则和标注方式,通过对梁每一行集中标注的学习,能看懂梁的平法标注,为柱、墙等构件的平法识图打下基础。学生通过三维视图能掌握框架梁通长筋、支座负筋、架立筋、吊筋、拉筋和各种悬挑梁钢筋的布置,并能理解记忆钢筋长度的计算公式。通过实训案例和习题练习,学生能具备框架梁平法识图和钢筋长度计算实操能力。

建议学时

4学时。

建议教学形式

配套使用16G101-1图集和本书所配钢筋平法多媒体教学系统课件、视频。

第一节　梁的平面标注方式

梁的标注方式分为平面标注方式和截面标注方式两种。

平面标注方式是在梁平面布置图上,分别从不同编号的梁中各选一根梁,用在其上标注截面尺寸和配筋具体数值的方式来表达梁平法施工图。16G101-1第37页给出的梁平法施工图平面标注方式示例如图2-1所示。

平面标注包括集中标注和原位标注(图2-2),集中标注表达梁的通用数值,原位标注表达梁的特殊数值。当集中标注中的某项数值不适用于梁的某部位时,则将该项具体数值原位标注。施工时,原位标注数值优先。

11

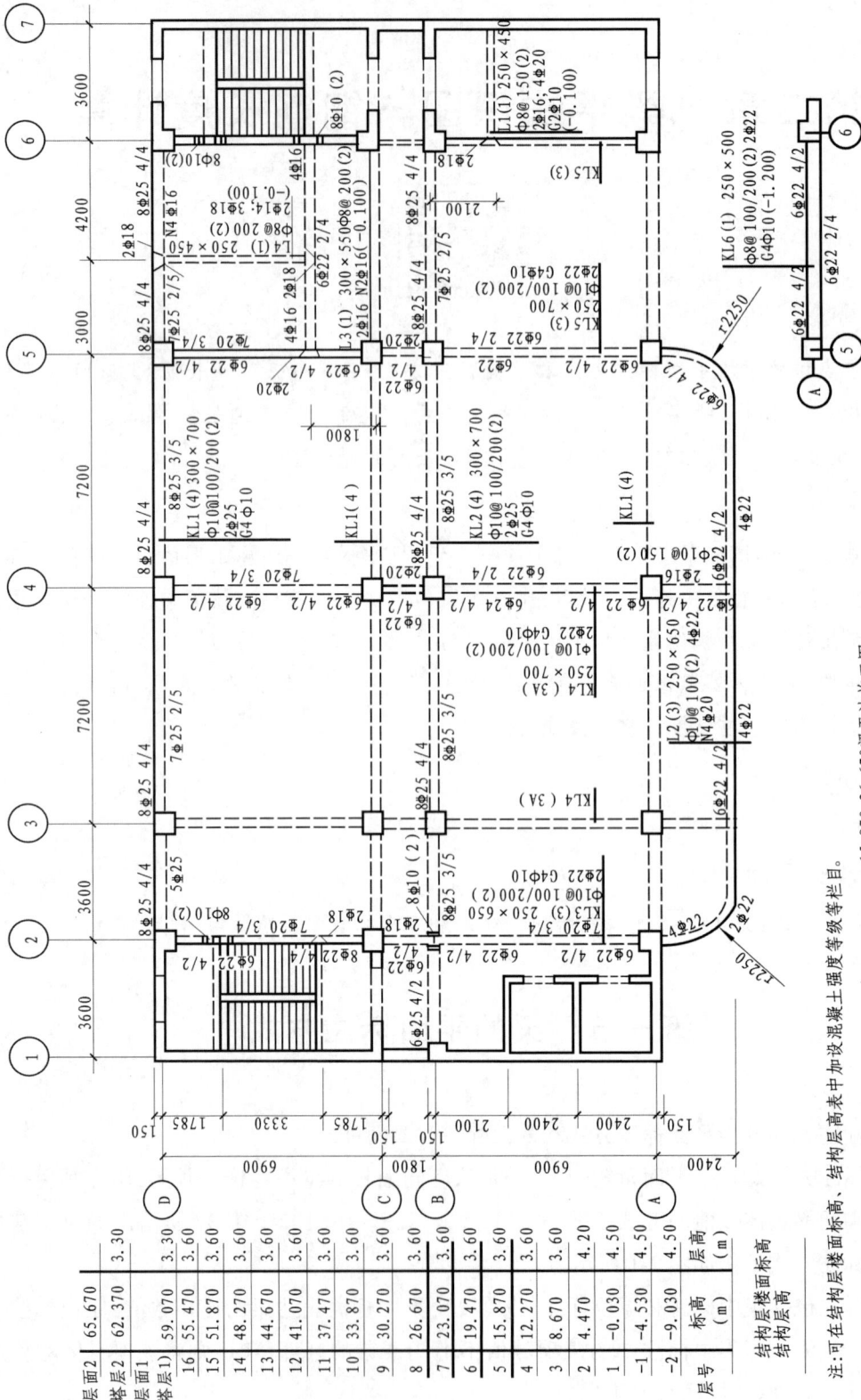

图2-1 梁平法施工图平面标注方式示例(尺寸单位：mm)

15.870~26.670梁平法施工图

注：可在结构层楼面标高、结构层高表中加注混凝土强度等级等栏目。

层号	标高 (m)	层高 (m)
层面2	65.670	3.30
塔层2	62.370	3.30
层面1 (塔层1)	59.070	3.60
16	55.470	3.60
15	51.870	3.60
14	48.270	3.60
13	44.670	3.60
12	41.070	3.60
11	37.470	3.60
10	33.870	3.60
9	30.270	3.60
8	26.670	3.60
7	23.070	3.60
6	19.470	3.60
5	15.870	3.60
4	12.270	3.60
3	8.670	3.60
2	4.470	4.20
1	-0.030	4.50
-1	-4.530	4.50
-2	-9.030	4.50
层号	标高 (m)	层高 (m)

结构层楼面标高
结构层高

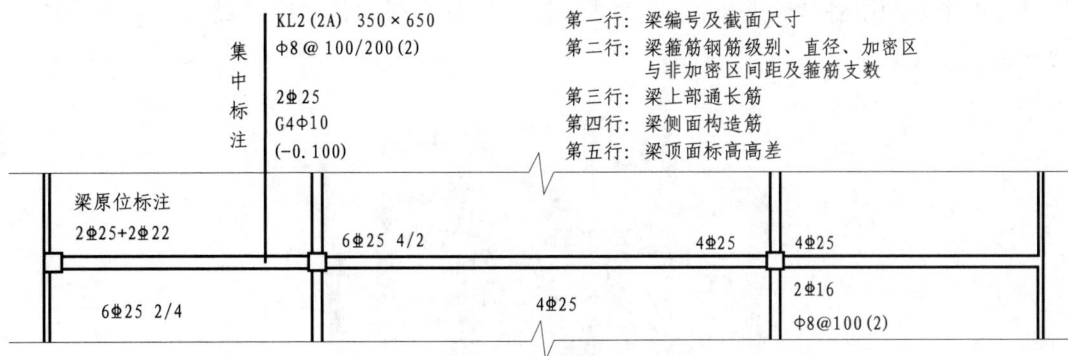

图 2-2 梁平法标注示例

一、集中标注

集中标注表达的梁通用数值包括梁编号、梁截面尺寸、梁箍筋、上部通长筋、梁侧面构造筋(或受扭钢筋)和标高六项,其中前五项为必注值,后一项为选注值,规定如下。

1. 梁编号

在表 2-1 中列出了梁的各种类型的代号,同时给出了各种梁的特征。关于是否带有悬挑的标注规则需要引起特别注意。

梁 编 号 及 类 型 表 2-1

梁类型	代号	序 号	跨数及是否带有悬挑	特 征
楼层框架梁	KL	××	(××)、(××A)或(××B)	框架梁就是由柱支撑的梁,用来承重的结构,由梁来承受荷载,并将荷载传递到柱子上;楼层框架梁一般是指非顶层的框架梁
屋面框架梁	WKL	××	(××)、(××A)或(××B)	一般是顶层的框架梁,按抗震等级分为一、二、三、四级抗震及非抗震
框支梁	KZL	××	(××)、(××A)或(××B)	框支剪力墙结构通过在某些楼层的剪力墙上开洞获得需要的大空间,上部楼层的部分剪力墙不能直接连续贯通落地,需设置结构转换构件,其中的转换梁就是框支梁
非框架梁	L	××	(××)、(××A)或(××B)	一般是以框架梁或框支梁为支座的梁,没有抗震等级要求,按非抗震等级构造要求配筋
悬挑梁	XL	××		一端有支座,一端悬空的梁称为悬挑梁
井字梁	JZL	××	(××)、(××A)或(××B)	由同一平面内相互正交或斜交的梁所组成的结构构件

注:(××A)为一端有悬挑,(××B)为两端有悬挑,悬挑不计入跨数。例:KL2(3A)表示第 2 号框架梁,3 跨,一端有悬挑。

表2-1中介绍了各种梁的特征,下面我们以三维图形展示各种梁的形态特征,如图2-3~图2-6所示。

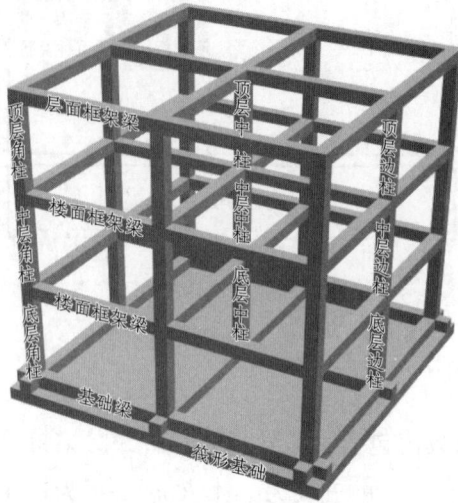

图2-3 框架梁分布示意图

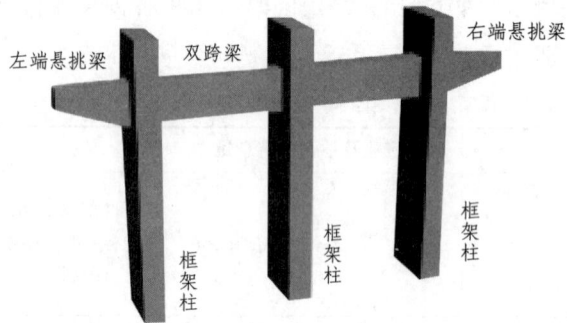

图2-4 悬挑梁示意图

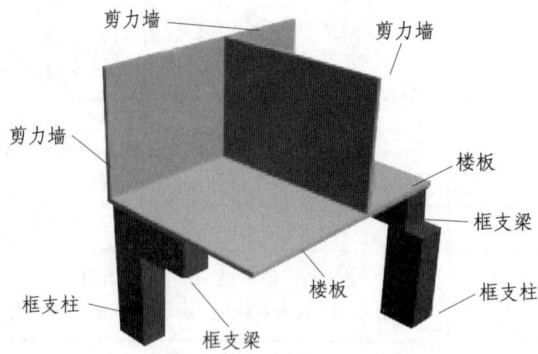

图2-5 框支梁示意图

图 2-6　井字梁示意图

2. 梁截面尺寸

当为等截面梁时,截面尺寸用 $b \times h$ 表示,b 为梁宽,h 为梁高。

当为竖向加腋梁时(图 2-7),截面尺寸用 $b \times h$　$Yc_1 \times c_2$ 表示,其中 c_1 为腋长,c_2 为腋高。

图 2-7　加腋梁示意图

当为水平加腋梁时,一侧加腋时截面尺寸用 $b \times h$　$PYc_1 \times c_2$ 表示,其中 c_1 为腋长,c_2 为腋宽。

加腋梁截面标注方式如图 2-8 所示。

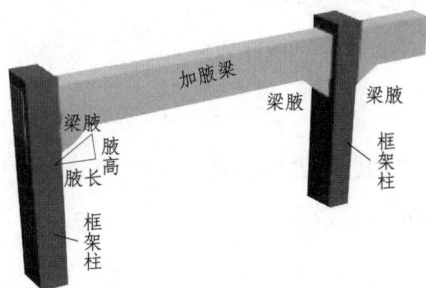

a) 竖向加腋截面注写示意

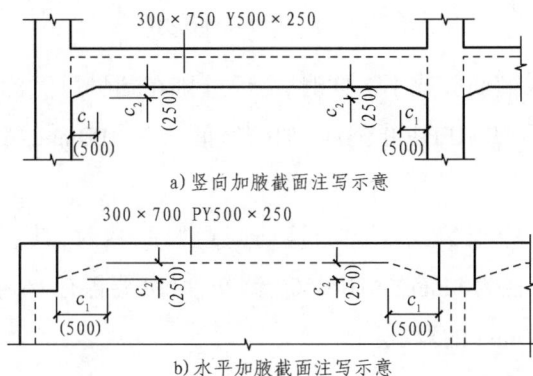

b) 水平加腋截面注写示意

图 2-8　加腋梁截面标注示例(尺寸单位:mm)

当有悬挑梁且根部和端部的高度不同时,用斜线分隔根部与端部的高度值,即为 $b \times h_1/h_2$。

3. 梁箍筋

梁箍筋构造如图 2-9 所示,标注时包括钢筋级别、直径、加密区与非加密区间距及肢数。箍筋加密区与非加密区的不同间距及肢数用斜线"/"分隔;当梁箍筋为同一间距及肢数时,则不需用斜线;当加密区与非加密区的箍筋肢数相同时,则将肢数标注一次;箍筋肢数写在括号内。

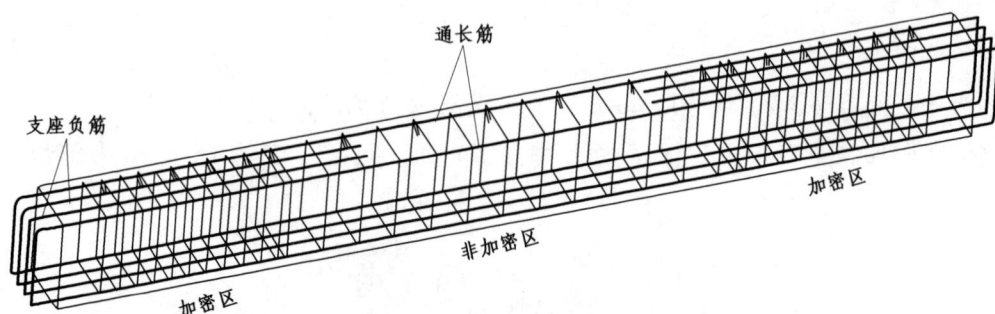

图 2-9 梁箍筋构造三维示意图

如图 2-10 所示,φ6@100/200(2) 表示箍筋直径为 6mm 的 HPB300 钢筋,加密区间距为 100mm,非加密区间距为 200mm,双肢箍。

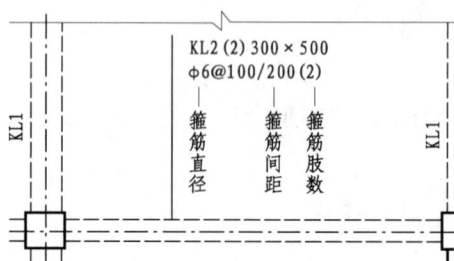

图 2-10 梁箍筋平法标注示例

当加密区和非加密区箍筋肢数不一样时,需要分别在括号里面标注,如φ8@100(4)/200(2) 表示箍筋直径为 8mm 的 HPB300 钢筋,加密区间距为 100mm,四肢箍;非加密区间距为 200mm,双肢箍。

非框架梁、悬挑梁、井字梁采用不同的箍筋间距及肢数时,其表达方式如 16φ8@150(4)/200(2),表示箍筋直径为 8mm 的 HPB300 钢筋,梁两端各有 16 根间距为 150mm 的四肢箍,梁中间部分为间距 200mm 的双肢箍。

4. 梁上部通长筋或架立筋

通长筋指直径不一定相同但必须采用搭接、焊接或机械连接接长且两端一定在端支座

16

锚固的钢筋。架立筋是指梁内起架立作用的钢筋,用来固定箍筋和形成钢筋骨架,如图2-11所示。当同排纵筋中既有通长筋又有架立筋时,用"＋"将通长筋和架立筋相连。标注时将角部纵筋写在加号的前面,架立筋写在加号后面的括号内,以示不同直径及与通长筋的区别。当全部采用架立筋时,则将其写入括号内。

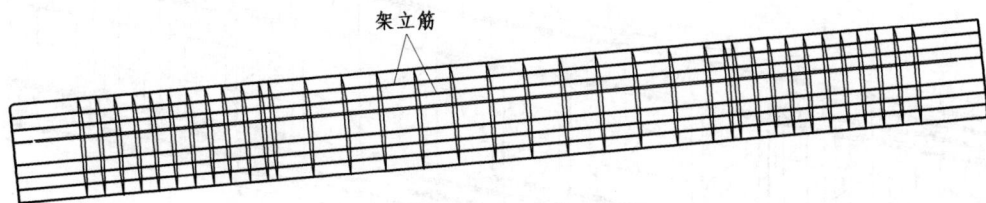

图2-11　梁上部通长筋及架立筋构造三维示意图

【例2-1】 $2\oplus 20 + (2\Phi 12)$ 中 $2\oplus 20$ 为通长筋,$2\Phi 12$ 为架立筋(图2-12)。

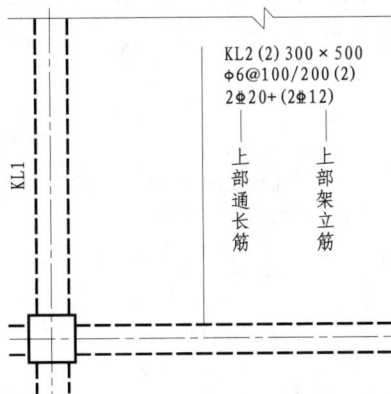

图2-12　梁上部通长筋及架立筋平法标注示例

当梁上部同排纵筋仅为架立筋时,仅将架立筋写在括号内即可。

当梁的上部纵筋和下部纵筋为全跨相同,且多数跨配筋相同时,此项可采用集中标注方式,用";"将上部与下部纵筋的配筋值分隔开来。

【例2-2】 $4\oplus 22;3\oplus 20$ 表示梁的上部配置 $4\oplus 22$ 的通长筋,梁的下部配置 $3\oplus 20$ 的通长筋。

5. 梁侧面纵向构造钢筋或受扭钢筋

当梁腹板高度 $h_w \geqslant 450mm$ 时,需配置纵向构造钢筋,此项标注值以大写字母 G 打头,标注值是梁两个侧面的总配筋值,且为对称配置,如图2-13所示。

【例2-3】 $G4\Phi 12$ 表示梁的两个侧面共配置 4 根$\Phi 12$ 的纵向构造钢筋,每侧各配置 2 根$\Phi 12$ 构造钢筋。

17

当梁侧面需配置受扭纵向钢筋时,此项标注值以大写字母 N 打头,为标注配置在梁两个侧面的总配筋值,且对称配置。

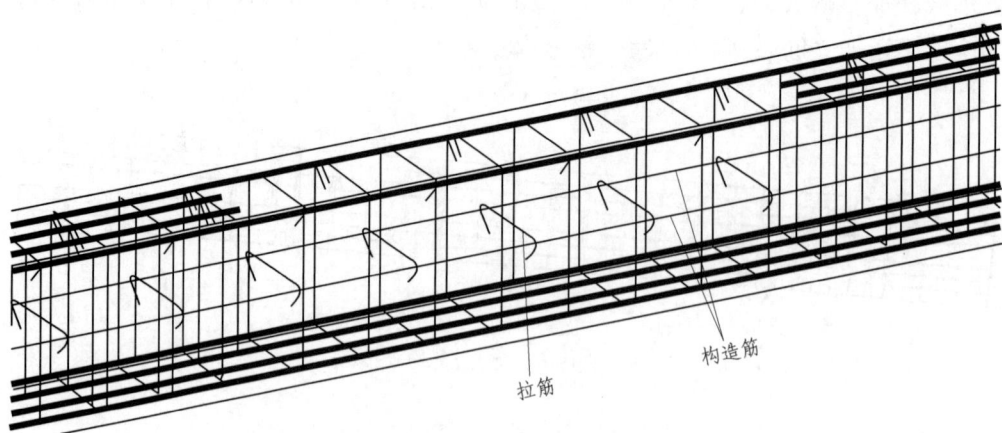

图 2-13　梁侧面抗扭腰筋构造三维示意图

【例 2-4】N4⇟16 表示梁的两个侧面共配置 4 根⇟16 的抗扭筋,每侧各配置 2 根⇟16 的抗扭筋,见图 2-14。

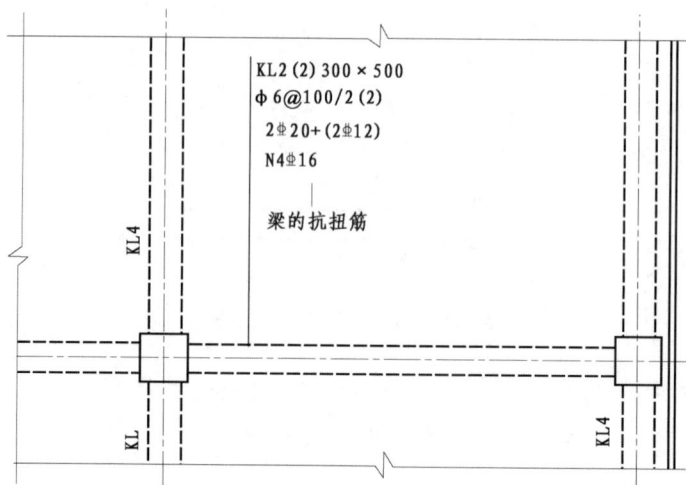

图 2-14　梁侧面抗扭筋平法标注示例

6. 梁顶面标高高差

梁顶面标高高差指梁顶面相对于结构层楼面标高的高差值(图 2-15),有高差时,将其写入括号内。当某梁的顶面高于所在结构层的楼面标高时,其标高高差为正值,反之为负值。

【例 2-5】某结构标准层的楼面标高为 44.950m 和 48.250m,当某梁的梁顶面标高高差标注为(−0.050)时,即表明该梁顶面标高分别相对于 44.950m 和 48.250m 低 0.050m,如图 2-16所示。

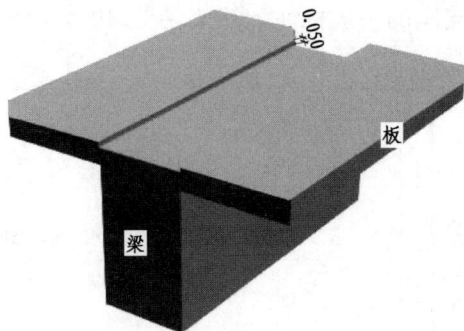

图 2-15　梁顶面标高高差示意图(尺寸单位:m)

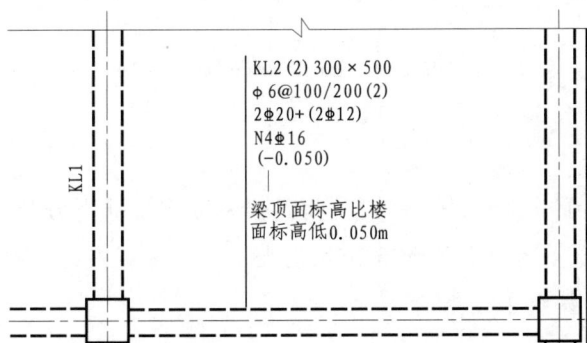

图 2-16　梁顶面标高高差平法标注示例

二、原位标注

原位标注用来表达梁的特殊数值,当集中标注中的某项数值不适用于梁的某部位时,则将该项数值原位标注。如梁支座上部纵筋、梁下部纵筋,施工时原位标注优先。梁原位标注的规定如下:

1. 梁支座上部纵筋

梁支座上部纵筋包含上部通长筋在内的所有通过支座的纵筋。

(1)当上部纵筋多于一排时,用斜线"/"将各排纵筋自上而下分开。

【例 2-6】梁支座上部纵筋标注为 6Φ25 4/2,则表示上一排纵筋为 4Φ25,下一排纵筋为 2Φ25,如图 2-17 所示。

(2)当同排纵筋有两种直径时,用"+"将两种直径的纵筋相连,标注时将角部纵筋写在前面。

【例 2-7】梁支座上部标注为 4Φ25 +2Φ22,表示梁支座上部有 6 根纵筋,4 根Φ25 钢筋放在角部,2 根Φ22 钢筋放在中部。

(3)当梁中间支座两边的上部纵筋不同时,须在支座两边分别标注;当梁中间支座两边的上部纵筋相同时,只用在支座的一边标注配筋值,另一边省去不注。

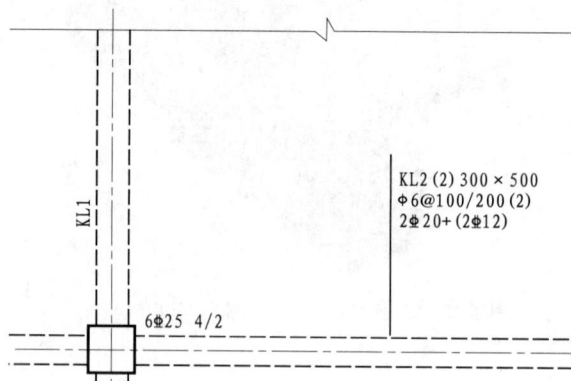

图 2-17 梁支座上部纵筋原位标注示例

2. 梁下部纵筋

(1)当下部纵筋多于一排时,用斜线"/"将各排纵筋自上而下分开。

【例 2-8】梁下部纵筋标注为 6单25 2/4,则表示上一排纵筋为 2 根单25,下一排纵筋为 4 根单25,全部伸入支座,如图 2-18 所示。

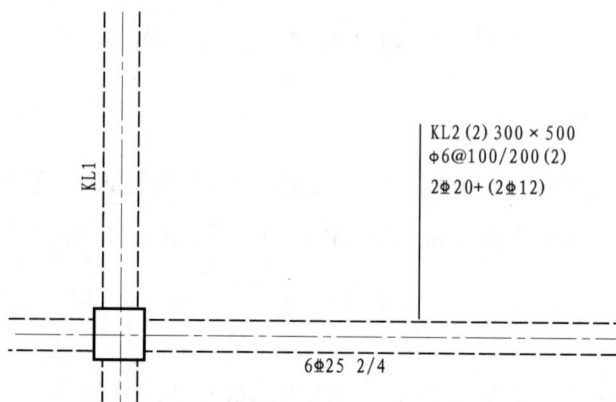

图 2-18 梁下部纵筋原位标注示例

(2)当同排纵筋有两种直径时,用" + "将两种直径的纵筋相连,标注时角筋写在前面。

(3)当梁下部纵筋不全部伸入支座时,将梁支座下部纵筋减少的数量写在括号内。

【例 2-9】梁下部纵筋标注为 6单20 2(−2)/4,表示上排纵筋为 2 根单20,且不伸入支座;下一排纵筋为 4 根单20,全部伸入支座。

【例 2-10】梁下部纵筋标注为 2单20 + 3单22(−3)/5单22,表示上排纵筋为 2 根单22 和 3

根Φ22，其中 3 根Φ22 不伸入支座；下一排纵筋为 5 根Φ22，全部伸入支座。

（4）当梁的集中标注中已分别标注了梁上部和下部均为通长的纵筋值时，则不用再在梁下部重复做原位标注。

（5）当梁设置竖向加腋时，加腋部位下部斜纵筋应在支座下部以 Y 打头标注在括号内。当梁设置水平加腋时，水平加腋内，上、下部斜纵筋应在加腋支座上部以 Y 打头标注在括号内，上下部用"/"分隔。16G101-1 图集第 31 页给出了如图 2-19 所示图示。

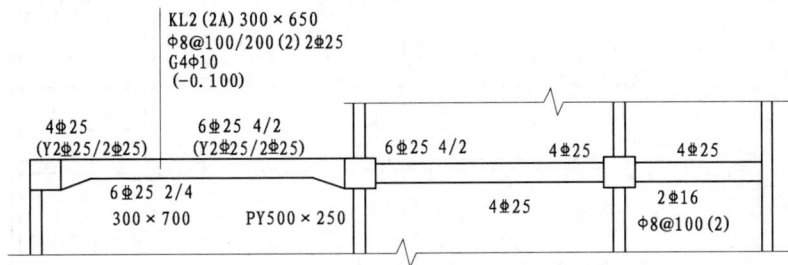

图 2-19　梁水平加腋平面标注示例

3. 集中标注中的注意事项

（1）当在梁上集中标注的内容（即梁截面尺寸、箍筋、上部通长筋或架立筋，梁侧面纵向构造钢筋或受扭纵向钢筋，以及梁顶面标高高差中的某一项或几项数值）不适用于某跨或某悬挑部分时，则将其不同数值原位标注在该跨或该悬挑部位，施工时应按原位标注数值取用。

（2）附加箍筋或吊筋，将其直接画在平面图中的主梁上，用线引注总配筋值。

（3）井字梁的标注规则除了应遵循梁平面标注方式外，还要注意纵横两个方向梁相交处同一层面钢筋的上下交错关系，以及在该相交处两方向梁箍筋的布置要求。

【例 2-11】贯通两片网格区域采用平面标注方式的某井字梁，其中间支座上部纵筋标注为 6 Φ20 4/2（3200/2400），表示该位置上部纵筋设置两排，上一排纵筋为 4 根Φ20，自支座边缘向跨内伸出长度 3200mm；下一排纵筋为 2 根Φ20，自支座边缘向跨内伸出长度为 2400mm。

第二节　梁截面标注方式

截面标注方式是指在分标准层绘制的梁平面布置图上，分别在不同编号的梁中各选择一根梁用剖面号引出配筋图，并在配筋图上用标注截面尺寸和配筋具体数值的方式来表达梁平法施工图，如图 2-20 所示。

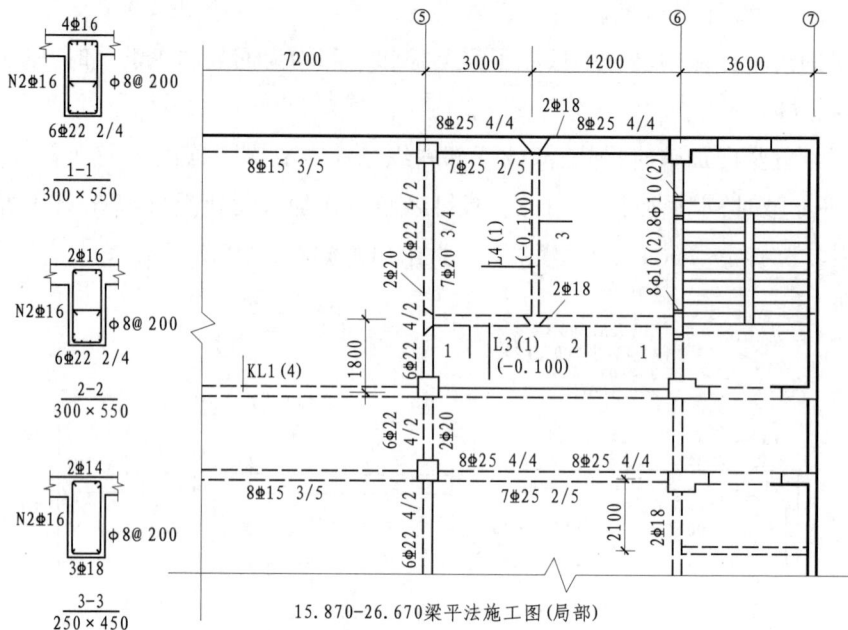

图 2-20　梁平法施工图截面标注方式示例(尺寸单位:mm)

梁进行截面标注时,先将"单边截面号"画在该梁上,再将截面配筋详图画在本图或其他图上。如果某一梁的顶面标高与结构层的楼面标高不同,应继其梁编号后标注梁顶面标高高差(标注规定与平面标注方式相同)。

在截面配筋详图上标注截面尺寸 $b \times h$、上部筋、下部筋、侧面构造筋或受扭筋以及箍筋的具体数值时,其表达形式与平面标注方式相同。

截面标注方式既可以单独使用,也可与平面标注方式结合使用。在梁平法施工图中一般采用平面标注方式,当平面图中局部区域的梁布置过密时,可以采用截面标注方式,或者将过密区用虚线框出,适当放大比例后再对局部用平面标注方式,但是对异形截面梁的尺寸和配筋,用截面标注则相对要方便。

第三节　梁钢筋构造三维图解与计算

在计算某一构件的钢筋工程量时,首先要明白需要计算这个构件的哪些钢筋,针对梁构件的钢筋所在位置及功能不同,要先理清梁构件需要计算的钢筋有哪些,具体见表 2-2 和图 2-21。

下面以框架梁为例详细讲解梁主要钢筋的计算。

梁需要计算的钢筋　　　　　　　　　　　　　　　　　　表2-2

梁钢筋位置	钢筋名称	梁钢筋位置	钢筋名称
上	上部通长筋	左	左支座负筋
中	构造筋或抗扭筋	中	架立筋
下	下部通长筋	右	右支座负筋
其他	箍筋、吊筋、附加箍筋	—	—

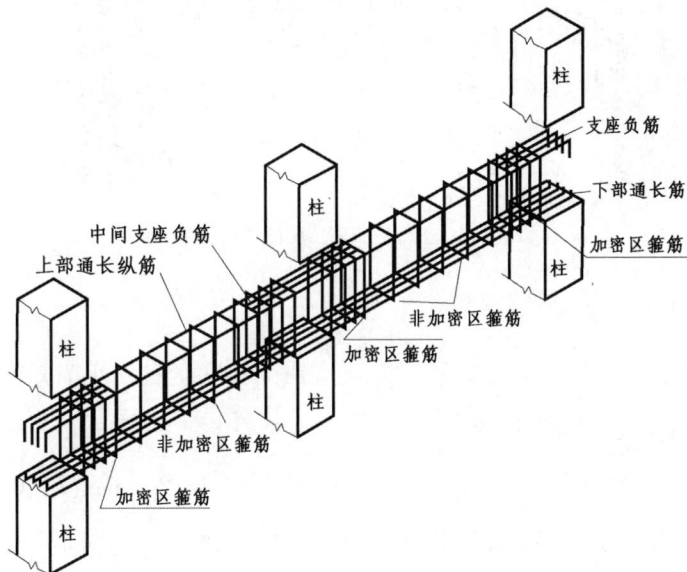

图2-21　梁钢筋分布三维示意图

一、梁通长筋长度计算（请参考16G101-1图集第84页）

通长筋指直径不一定相同,但必须采用搭接、焊接或机械连接接长且两端一定在端支座锚固的钢筋,通长筋源于抗震构造要求,通长筋能保证梁各个部位的这部分钢筋都能发挥其受拉承载力,以抵抗框架梁在地震作用过程中反弯点位置发生变化的可能。

1. 上部通长筋长度计算（图2-22）

上部通长筋长度 = 净跨长 + 左支座锚固长度 + 右支座锚固长度

左、右支座锚固长度的取值判断:

当 h_c（柱宽）- 保护层厚度 $\geq l_{aE}$ 时,直锚,锚固长度 = $\max(l_{aE}, 0.5h_c + 5d)$。

当 h_c（柱宽）- 保护层厚度 $< l_{aE}$ 时,弯锚,锚固长度 = h_c - 保护层厚度 + $15d$。

屋面框架梁,上部通长筋伸入支座端弯折至梁底。

非框架梁,当支座处按铰接设计时,平直段伸至端支座对边后弯折,且平直段长度 $\geqslant 0.35 l_{ab}$,弯折段投影长度为 $15d$,当充分利用钢筋抗拉强度时,伸入支座内平直段长度 $\geqslant 0.6 l_{ab}$。

框支梁,纵筋伸入支座对边向下弯锚,通过梁底线后再下插 $l_{aE}(l_a)$。

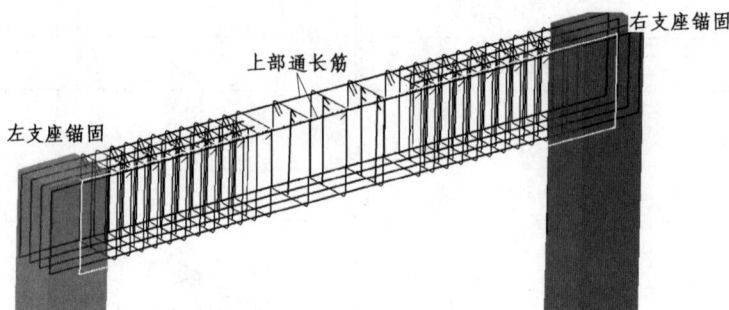

图 2-22　上部通长筋长度计算示意图

2. 下部通长筋长度计算(图 2-23)

$$下部通长筋长度 = 净跨长 + 左支座锚固长度 + 右支座锚固长度$$

左、右支座锚固长度的取值判断:

当 h_c(柱宽) $-$ 保护层厚度(直锚长度) $\geqslant l_{aE}$ 时,锚固长度 $= \max(l_{aE}, 0.5h_c + 5d)$。

当 h_c(柱宽) $-$ 保护层厚度(直锚长度) $< l_{aE}$ 时,必须弯锚,锚固长度 $= h_c -$ 保护层厚度 $+ 15d$。

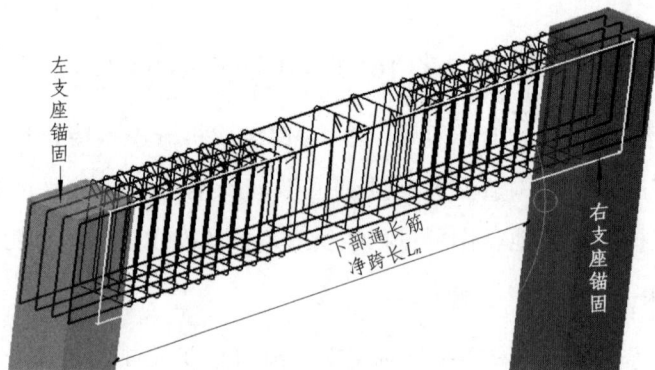

图 2-23　下部通长筋长度计算示意图

二、支座负筋长度计算(请参考 16G101-1 图集第 84 页)

梁支座负筋是指位于梁支座上部承受负弯矩作用的纵向受力钢筋。支座负筋按照部位分为两类:端支座负筋(图2-24),中间支座负筋(图2-25)。左右端支座负筋长度计算示意如图2-26所示。

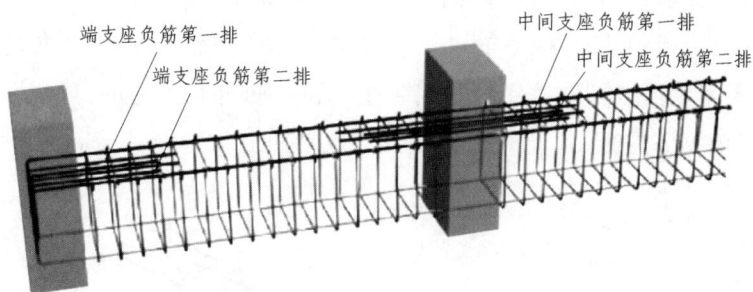

图 2-24　端支座负筋示意图

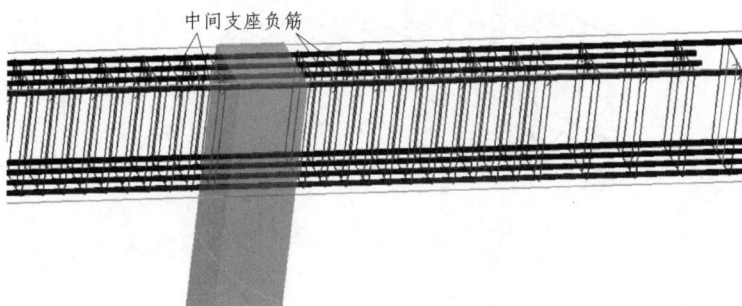

图 2-25　中间支座负筋示意图

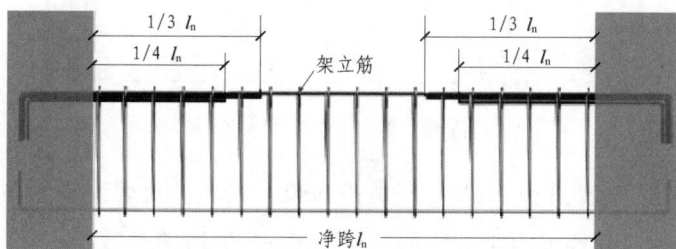

图 2-26　左右端支座负筋长度计算示意图

端支座第一排负筋长度 = 左或右支座锚固长度 + 净跨长/3

端支座第二排负筋长度 = 左或右支座锚固长度 + 净跨长/4

中间支座第一排负筋的长度 = 2 × max(左跨净跨长,右跨净跨长)/3 + 支座宽

中间支座第二排负筋的长度 = 2 × max(左跨净跨长,右跨净跨长)/4 + 支座宽

净跨长为左跨 l_{ni} 和右跨 l_{ni+1} 之中较大值,其中 i = 1,2,3……。

三、架立筋长度计算（请参考 16G101-1 图集第 84 页）

架立筋是构造要求的非受力钢筋(图 2-27),一般布置在梁的受压区且直径较小。当梁的支座处上部有负弯矩钢筋时,架立筋可只布置在梁的跨中部分,两端与负弯矩钢筋搭接或焊接,搭接时也要满足搭接长度的要求并应绑扎。架立筋也有贯通的,如规范中规定在梁上部两侧的架立筋必须是贯通的,此时的架立筋在支座处也可承担一部分负弯矩。架立筋长度计算示意如图 2-28 所示。

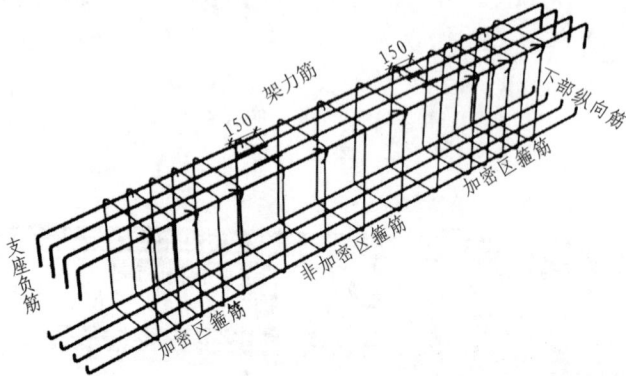

图 2-27　架立筋示意图(尺寸单位:mm)

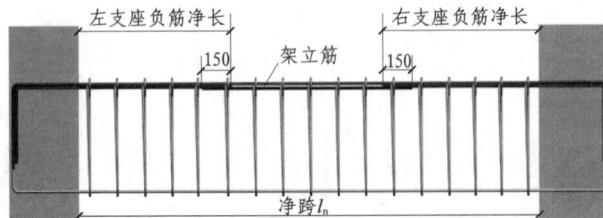

图 2-28　架立筋长度计算示意图(尺寸单位:mm)

架立筋长度 = 净跨长 l_n - 左支座负筋净长 - 右支座负筋净长 + 150mm × 2

当梁的上部既有通长筋又有架立筋时,其中架立筋的搭接长度为 150mm。

当梁的上部没有贯通筋,都是架立筋时,架立筋与支座负筋的连接长度取 l_{lE}(抗震搭接长度)。

四、梁侧面纵筋长度计算（请参考 16G101-1 图集第 90 页）

梁侧面纵筋包括抗扭纵筋和构造纵筋,如图 2-29 所示。

构造纵筋即为钢筋混凝土构件内考虑各种难以计量的因素而设置的钢筋。

抗扭纵筋是用以承受扭矩的钢筋,抗扭纵筋的设置是梁的高度超过一定值后,为防止梁侧向扭曲的构造配筋。抗扭纵筋与构造纵筋的不同之处就在于它有抗扭的作用。

当梁腹高度≥450mm时,需配置纵向构造钢筋,标注值以大写字母 G 打头。当梁侧面配置受扭纵向钢筋时,以大写字母 N 打头。

$$构造纵筋长度 = 净跨长 + 2 \times 15d$$

$$抗扭纵筋长度 = 净跨长 + 2 \times 锚固长度$$

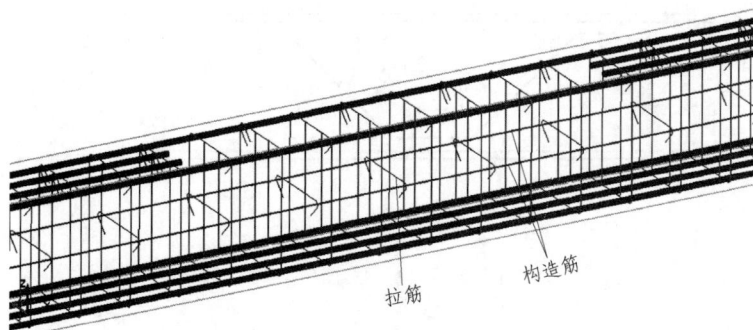

图 2-29　梁侧面纵筋示意图

五、拉筋长度计算(请参考 16G101-1 图集第 90 页)

拉筋直径取值范围:梁宽≤350mm 时,取 6mm;梁宽>350mm 时,取 8mm。

$$拉筋长度 = 梁宽 - 2 \times 保护层厚度 + 2 \times 1.9d + 2 \times \max(10d, 75)$$

$$拉筋根数 = \left[(净跨长 - 50 \times 2)/拉筋间距 + 1 \right] \times 排数$$

六、吊筋长度计算(请参考 16G101-1 图集第 88 页)

吊筋是将作用于混凝土梁式构件底部的集中力传递至顶部,以提高梁承受集中荷载抗剪能力的一种钢筋,形状如元宝,又称为元宝筋(图2-30)。吊筋的作用:由于梁的某部位受到大的集中荷载作用,为了使梁体不产生局部严重破坏,同时使梁体的材料发挥各自的作用而设置的,主要布置在剪力有大幅突变的部位,防止该部位产生过大的裂缝,引起结构的破坏。

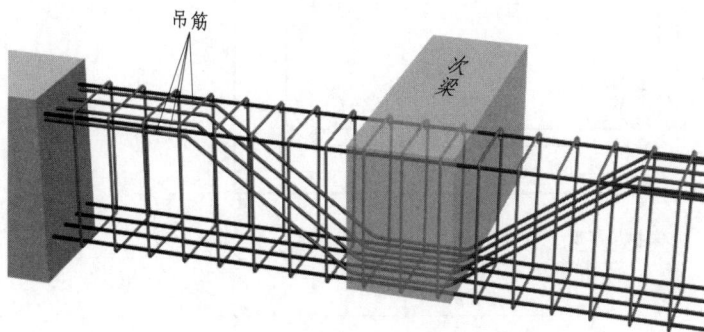

图 2-30　吊筋三维示意图

吊筋长度计算示意如图 2-31 所示。

吊筋夹角取值:当梁高≤800mm 时,取 45°;当梁高 >800mm 时,取 60°。

吊筋长度 = 次梁宽 b + 2×50 + 2×(梁高 − 2×保护层厚度)/sin45°(60°) + 2×20d

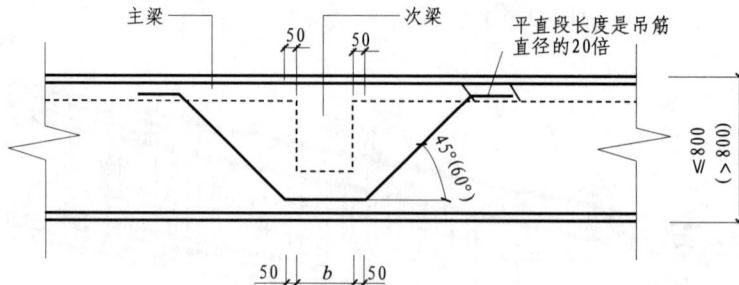

图 2-31　吊筋长度计算示意图(尺寸单位:mm)

七、箍筋计算 (请参考 16G101-1 图集第 88 页)

1. 箍筋长度计算

如图 2-32 所示,可知

$$箍筋长度 = 周长 − 8×保护层厚度 + 1.9d×2 + \max(10d, 75)×2$$

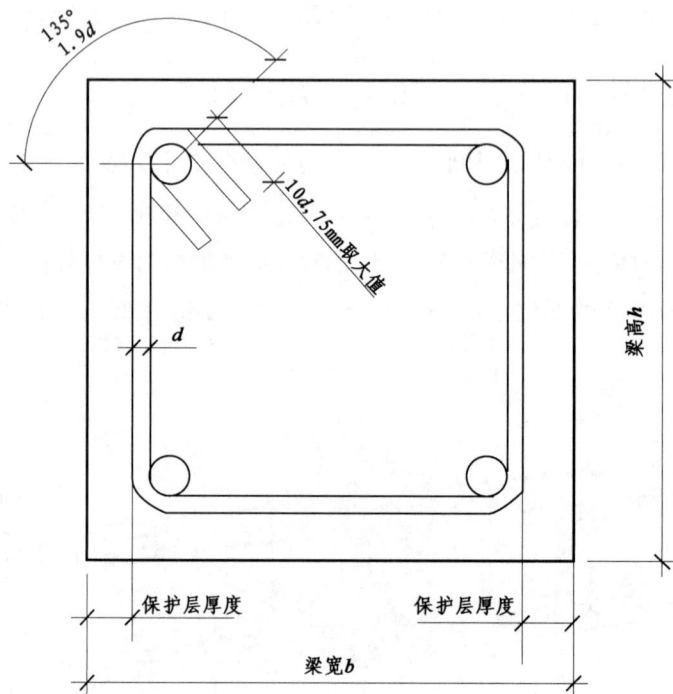

图 2-32　箍筋长度计算示意图

2.箍筋根数计算

如图 2-33 所示,可知

箍筋根数 = [加密区长度 – 50)/加密间距 + 1]×2 + (非加密区长度/非加密间距 – 1)

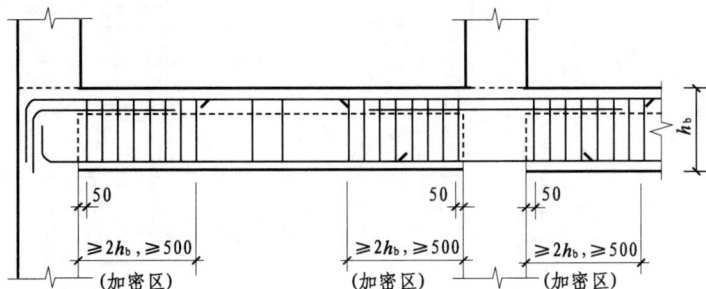

a)一级抗震等级楼层框架梁KL、WKL

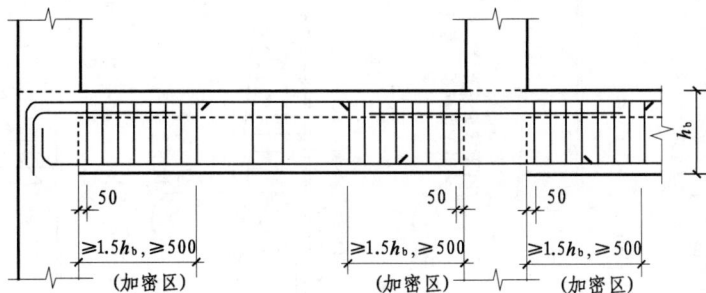

b)二至四级抗震等级楼层框架梁KL、WKL

图 2-33 箍筋根数计算示意图(尺寸单位:mm)

八、悬挑梁钢筋计算(请参考 16G101-1 图集第 92 页)

不是两端都有支撑的,一端埋在或者浇筑在支撑物上,另一端挑出的梁称为悬挑梁。截面高度一般为跨度的 1/8 ~ 1/6,当悬挑长度大于 1500mm 时(除设计特别说明外),需加弯起钢筋。在 16G101-1 图集中给出了 8 种不同形式的悬挑梁,如图 2-34 所示。

1. A 节点钢筋计算(图 2-35)

第一排钢筋长度 = L(悬挑梁净跨长) – 保护层厚度 + 梁高 – 2×保护层厚度

当 $L \geqslant 4h_b$,即长悬挑梁时,除 2 根角筋,并不少于第一排纵筋的 1/2 伸至梁端下弯,其余第一排纵筋下弯 45° 至梁底,长度 = L – 保护层厚度 + 0.414(梁高 – 2×保护层厚度)。

第二排钢筋长度 = 0.75L + 1.414(梁高 – 2×保护层厚度) + 10d

下部钢筋长度 = L – 保护层厚度 + 15d

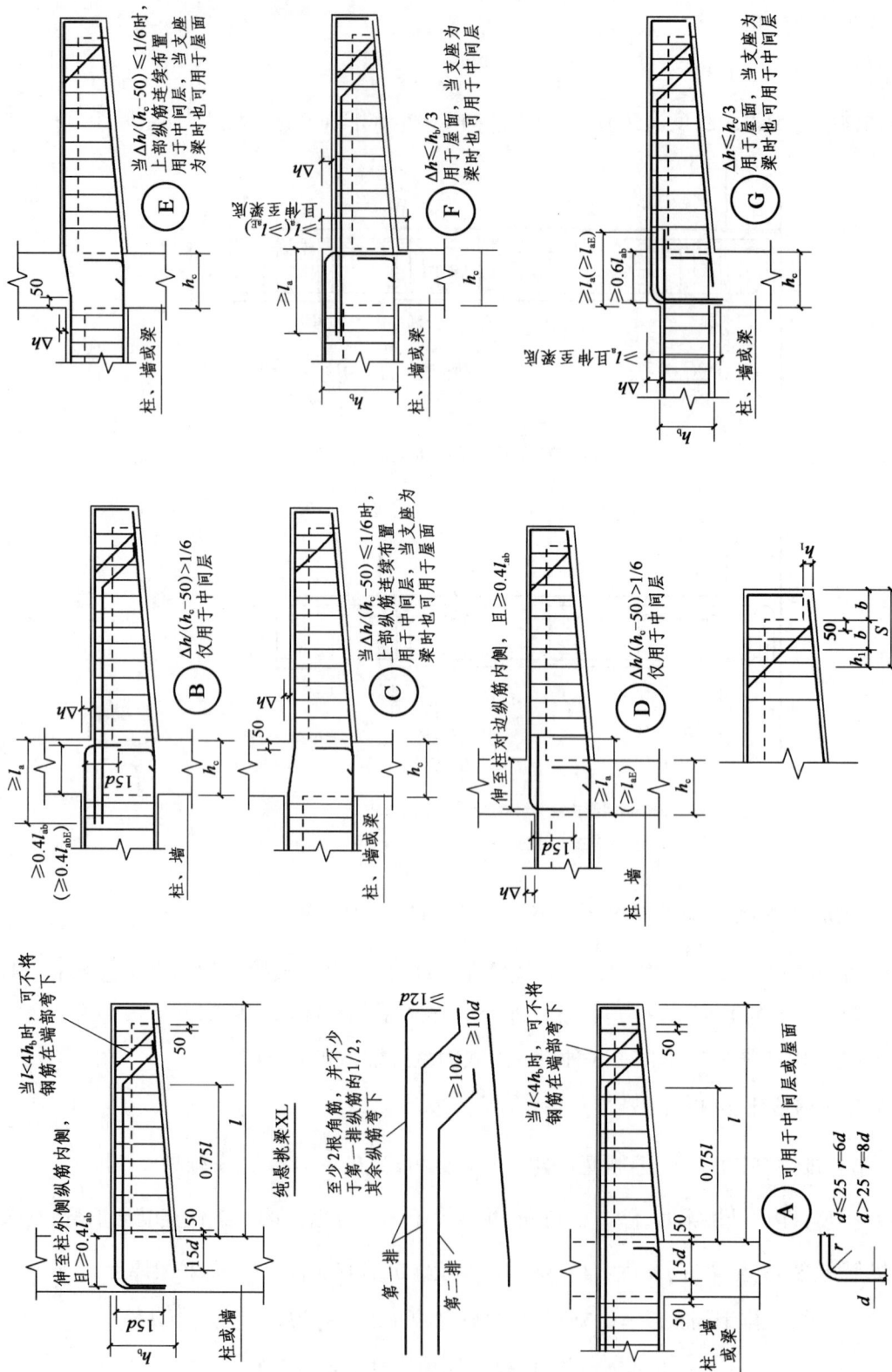

图2-34 各种节点的悬挑梁

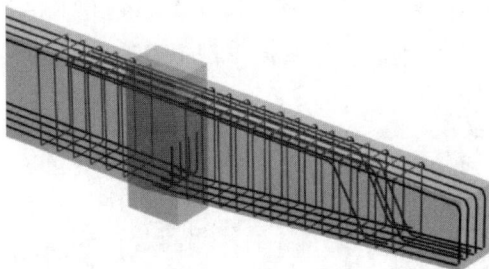

图 2-35　悬挑梁 A 示意图

2. B 节点钢筋计算(图 2-36)

B 节点描述的是框架梁梁顶高于悬挑梁梁顶,两者之间存在高差 Δh 的节点构造,且仅用于中间层。当 $\Delta h/(h_c - 50) > 1/6$ 时,框架梁纵筋伸至支座边缘扣除保护层位置处,弯折 $15d$。悬挑梁上部纵筋伸入支座长度 $\geqslant l_a$。

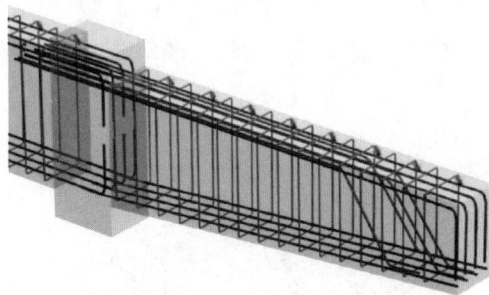

图 2-36　悬挑梁 B 示意图

其公式为:

第一排钢筋长度 $= L($悬挑梁净跨长$) -$ 保护层厚度 $+$ 梁高 $-2 \times$ 保护层厚度 $+ l_a$

第一排弯折钢筋长度 $= L -$ 保护层厚度 $+ 0.414($梁高 $-2 \times$ 保护层厚度$) + l_a$

第二排钢筋长度 $= 0.75L + 1.414($梁高 $-2 \times$ 保护层厚度$) + 10d + l_a$

下部钢筋长度 $= L -$ 保护层厚度 $+ 15d$

3. C 节点钢筋计算(图 2-37)

C 节点描述的是框架梁梁顶高于悬挑梁梁顶,两者之间存在高差 Δh 的节点构造,用于中间层,当支座为梁时,也可用于屋面。当 $\Delta h/(h_c - 50) \leqslant 1/6$ 时,框架梁上部纵筋连续通过,下部纵筋伸至支座边缘扣除保护层位置处,弯折 $15d$。悬挑梁纵筋构造同节点 A。

其公式为:

第一排钢筋长度 $= L($悬挑梁净跨长$) -$ 保护层厚度 $+$ 梁高 $-2 \times$ 保护层厚度

$$第一排弯折钢筋长度 = L - 保护层厚度 + 0.414(梁高 - 2 \times 保护层厚度)$$

$$下部钢筋长度 = L - 保护层厚度 + 15d$$

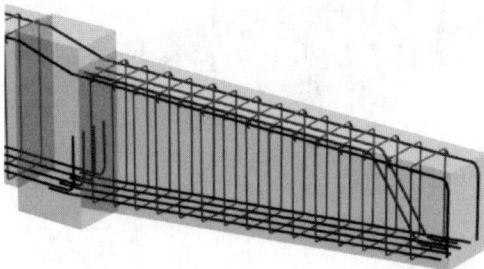

图 2-37　悬挑梁 C 示意图

4. D 节点钢筋计算(图 2-38)

D 节点描述的是框架梁梁顶低于悬挑梁梁顶,两者之间存在高差 Δh 的节点构造,且仅用于中间层。当 $\Delta h/(h_c - 50) > 1/6$ 时,框架梁上部纵筋伸入支座长度 $\geq l_a$,下部纵筋伸至支座边缘向上弯折 $15d$。悬挑梁上部纵筋伸至柱对边纵筋内侧,且 $\geq 0.4 l_{ab}$,并向下弯折 $15d$。

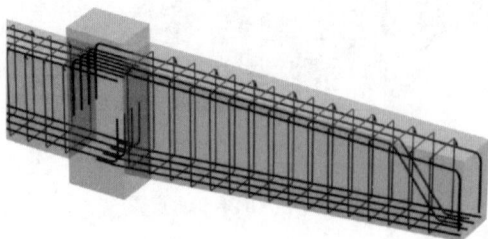

图 2-38　悬挑梁 D 示意图

当不考虑地震作用时,悬挑端的纵向钢筋直锚长度 $\geq l_a$,且 $\geq 0.5 h_c + 5d$ 时,可不必向下弯折。

其公式为:

$$第一排钢筋长度 = L(悬挑梁净跨长) + h_c - 保护层厚度 \times 2 + 梁高 - 2 \times 保护层厚度 + 15d$$

$$第一排弯折钢筋长度 = L + h_c - 保护层厚度 \times 2 + 0.414(梁高 - 2 \times 保护层厚度) + 15d$$

$$下部钢筋长度 = L - 保护层厚度 + 15d$$

5. E 节点钢筋计算(图 2-39)

E 节点描述的是框架梁梁顶低于悬挑梁梁顶,两者之间存在高差 Δh 的节点构造,用于中间层,当支座为梁时,也可用于屋面。当 $\Delta h/(h_c - 50) \leq 1/6$ 时,框架梁上部纵筋连续通过,下部纵筋伸至支座边缘向上弯折 $15d$。

其公式为：

第一排钢筋长度 $= L($悬挑梁净跨长$)$ $-$ 保护层厚度 $+$ 梁高 $- 2 \times$ 保护层厚度

第一排弯折钢筋长度 $= L -$ 保护层厚度 $+ 0.414($梁高 $- 2 \times$ 保护层厚度$)$

下部钢筋长度 $= L -$ 保护层厚度 $+ 15d$

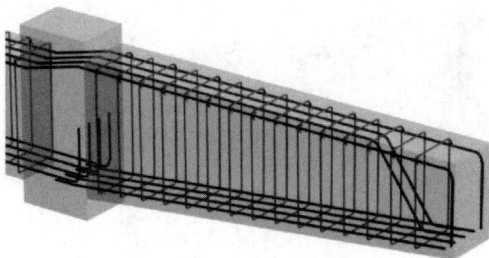

图 2-39　悬挑梁 E 示意图

6. F 节点钢筋计算（图 2-40）

F 节点描述的是框架梁梁顶高于悬挑梁梁顶，两者之间存在高差 Δh 的节点构造，用于屋面，当支座为梁时，也可用于中间层。当 $\Delta h \leqslant h_{\mathrm{b}}/3$ 时，框架梁上部纵筋伸至支座边缘扣除保护层位置处，向下弯折，弯折长度 $\geqslant l_{\mathrm{a}}$ (l_{aE}) 且伸至梁底。下部纵筋伸至支座边缘向上弯折 $15d$，悬挑梁上部纵筋伸入支座长度 $\geqslant l_{\mathrm{a}}$。

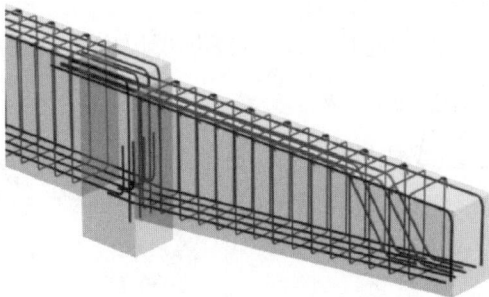

图 2-40　悬挑梁 F 示意图

其公式为：

第一排钢筋长度 $= L($悬挑梁净跨长$)$ $-$ 保护层厚度 $+$ 梁高 $- 2 \times$ 保护层厚度 $+ l_{\mathrm{a}}$

第一排弯折钢筋长度 $= L -$ 保护层厚度 $+ 0.414($梁高 $- 2 \times$ 保护层厚度$)$ $+ l_{\mathrm{a}}$

第二排钢筋长度 $= 0.75L + 1.414($梁高 $- 2 \times$ 保护层厚度$)$ $+ 10d + l_{\mathrm{a}}$

下部钢筋长度 $= L -$ 保护层厚度 $+ 15d$

7. G 节点钢筋计算（图 2-41）

G 节点描述的是框架梁梁顶低于悬挑梁梁顶，两者之间存在高差 Δh 的节点构造，用于屋面,当支座为梁时,也可用于中间层。当 $\Delta h \leqslant h_b/3$ 时,框架梁上部纵筋伸入支座长度 $\geqslant l_a(l_{aE})$,下部纵筋伸至支座边缘向上弯折 $15d$。悬挑梁上部纵筋伸至支座边缘且不小于 $0.6l_{ab}$ 并向下弯折,弯折长度 $\geqslant l_a$ 且伸至梁底。

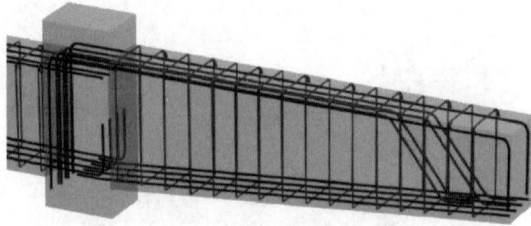

图 2-41　悬挑梁 G 示意图

其公式为:

第一排钢筋长度 $= L(悬挑梁净跨长) + h_c - 保护层厚度 \times 2 + 梁高 - 2 \times 保护层厚度 +$
$$\max(l_a, 梁高 - 保护层厚度)$$

第一排弯折钢筋长度 $= L + h_c - 保护层厚度 \times 2 + 0.414(梁高 - 2 \times 保护层厚度) +$
$$\max(l_a, 梁高 - 保护层厚度)$$

第二排钢筋长度 $= 0.75L + 1.414(梁高 - 2 \times 保护层厚度) + 10d + \max(l_a, 梁高 -$
$$保护层厚度)$$

下部钢筋长度 $= L - 保护层厚度 + 15d$

8. 纯悬挑梁钢筋计算(图 2-42)

纯悬挑梁是指从混凝土墙或柱挑出的单独的悬臂梁,其抗弯纵筋是按大样或标准图可靠锚固在混凝土墙或柱内,根部弯矩及剪力作用在柱或墙上。

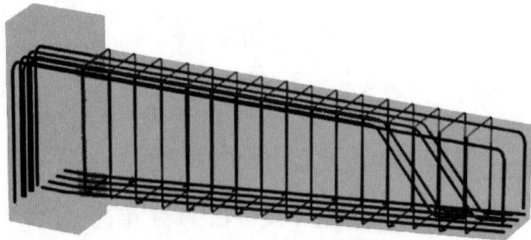

图 2-42　纯悬挑梁示意图

第一排上部纵筋至少两根角筋,且不少于第一排纵筋的 $1/2$,伸到悬挑梁端部,再拐弯伸至梁底,其余下弯 $45°$ 至梁底。不考虑地震作用时,当纯悬挑梁悬挑端的纵向钢筋直锚长度 $\geqslant l_a$ 且 $\geqslant 0.5h_c + 5d$,可不必往下弯折。

两侧角筋长度 $=15d$ + （支座宽 - 保护层厚度）+ （悬挑长度 - 保护层厚度）+

（端部梁高 $-2\times$ 保护层厚度）

下部钢筋长度 $=L-$ 保护层厚度 $+15d$

第四节　梁钢筋工程量计算实例

【例2-12】如图2-43所示，一级抗震，混凝土强度等级C30的楼层框架梁，设保护层厚度25mm，定尺长度 $=9000\text{mm}$，绑扎搭接，求上部通长筋的长度。

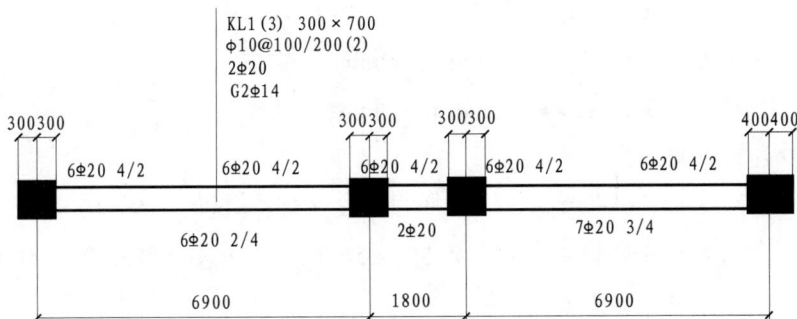

图2-43　工程案例（一）（尺寸单位：mm）

解： 第一步　计算锚固 l_{aE}，查16G101-1图集58页表：

$$l_{aE}=33d=33\times20=660\text{mm}$$

第二步　判断在端支座的锚固：

左支座 $600-25=575\text{mm}<660\text{mm}$，故弯锚

右支座 $800-25=775\text{mm}>660\text{mm}$，故直锚

第三步　计算端支座锚固长度：

左支座弯锚长度 $=h_c-$ 保护层厚度 $+15d=600-25+15\times20=875\text{mm}$

右支座直锚长度 $=\max(0.5h_c+5d,l_{aE})$

$$=\max(0.5\times800+5\times20,660)=660\text{mm}$$

第四步　求上部通长筋长度：

上部通长筋长度 = 左支座弯锚长 + 第一跨净长 + 支座宽 + 第二跨净长 +

支座宽 + 第三跨净长 + 右支座直锚长

$=875+（6900-600）+600+（1800-600）+600+$

$（6900-300-400）+660=16435\text{mm}$

第五步　求搭接长度及个数：

个数 $= 16435 \div 9000$（向上取整）$- 1 = 1$ 个

搭接长度 $= 46d = 46 \times 20 = 920\text{mm}$（查 16G101-1 图集 61 页表，按 50% 的接头百分率计算）

第六步　求上部通长筋总长：

上部通长筋总长 $= 16435 + 920 = 17355\text{mm}$

【例 2-13】 条件同【例 2-12】，求下部通长钢筋的长度。

解： 第一步　计算锚固 l_{aE}，查 16G101-1 图集 58 页表：

$l_{aE} = 33d = 33 \times 20 = 660\text{mm}$

第二步　判断在端支座的锚固：

左支座 $600 - 25 = 575\text{mm} < 660\text{mm}$，故弯锚

右支座 $800 - 25 = 775\text{mm} > 660\text{mm}$，故直锚

第三步　计算端支座锚固长度：

左支座弯锚长度 $= h_c -$ 保护层厚度 $+ 15d = 600 - 25 + 15 \times 20 = 875\text{mm}$

右支座直锚长度 $= \max(0.5h_c + 5d, l_{aE}) = \max(500, 660) = 660\text{mm}$

第四步　计算下部钢筋长度：

第一跨下部钢筋长度 = 左支座弯锚长度 + 第一跨净长 + $\max(0.5h_c + 5d, l_{aE})$

$= 875 + 6300 + 660 = 7836\text{mm}$

第二跨下部钢筋长度 $= \max(0.5h_c + 5d, l_{aE}) +$ 第二跨净长 $+ \max(0.5h_c + 5d, l_{aE})$

$= 660 + 1200 + 660 = 2520\text{mm}$

第三跨下部钢筋长度 $= \max(0.5h_c + 5d, l_{aE}) +$ 第三跨净长 + 右支座直锚长度

$= 660 + 6200 + 660 = 7520\text{mm}$

【例 2-14】 条件同【例 2-12】，求端支座负筋的长度。

解： 第一步　计算锚固 l_{aE}，查 16G101-1 图集 58 页表：

$l_{aE} = 33d = 33 \times 20 = 660\text{mm}$

第二步　判断在端支座的锚固：

左支座 $600 - 25 = 575\text{mm} < 660\text{mm}$，故弯锚

右支座 $800 - 25 = 775\text{mm} > 660\text{mm}$，故直锚

第三步　计算端支座锚固长度：

$$左支座弯锚长度 = h_c - 保护层厚度 + 15d = 600 - 25 + 15 \times 20 = 875mm$$

$$右支座直锚长度 = \max(0.5h_c + 5d, l_{aE})$$

$$= \max(0.5 \times 800 + 5 \times 20, 660) = 660mm$$

第四步 计算支座钢筋长度:

第一跨左第一排钢筋长度 = 左支座弯锚长度 + 第一跨净长/3

$$= 875 + 6300/3 = 2975mm$$

第一跨左第二排钢筋长度 = 左支座弯锚长度 + 第一跨净长/4

$$= 875 + 6300/4 = 2450mm$$

第三跨右第一排钢筋长度 = 第三跨净长/3 + 右支座弯锚长度

$$= 6200/3 + 660 = 2727mm$$

第三跨右第二排钢筋长度 = 第三跨净长/4 + 右支座弯锚长度

$$= 6200/4 + 660 = 2210mm$$

【例2-15】 如图2-44所示,定尺长度 = 9000mm,绑扎搭接,求中间支座筋的长度。

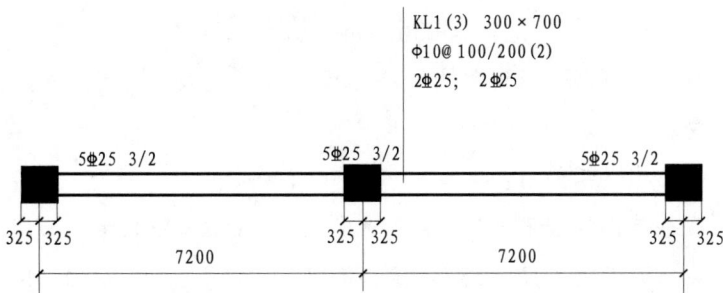

KL1(3) 300×700
Φ10@100/200(2)
2Φ25; 2Φ25

5Φ25 3/2   5Φ25 3/2   5Φ25 3/2

325 325   325 325   325 325

7200   7200

图2-44 工程案例(四)(尺寸单位:mm)

解: 中间支座分为两排钢筋,上排3根直径25mm钢筋,下排2根直径25mm钢筋,根据计算规则:

第一排钢筋长度 = 2 × max(第一跨净长,第二跨净长)/3 + 支座宽

$$= 2 \times (7200 - 650)/3 + 650 = 5017mm$$

第二排钢筋长度 = 2 × max(第一跨净长,第二跨净长)/4 + 支座宽

$$= 2 \times (7200 - 650)/4 + 650 = 3925mm$$

【例2-16】 如图2-45所示,设保护层厚度 = 25mm,定尺长度 = 9000mm,绑扎搭接,求架立筋的长度。

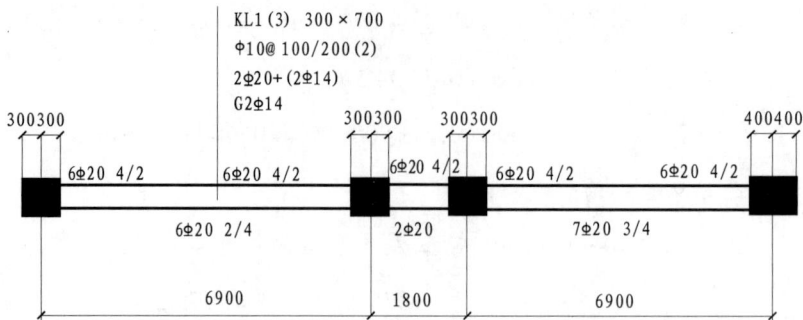

图 2-45 工程案例(五)(尺寸单位:mm)

解: 第一步 架立筋判断:

架立筋在梁中间 1/3 处与支座负筋连接,第二跨支座钢筋由于跨间距小,支座钢筋直接贯通,第二跨无架立筋。

第二步 计算架立筋长度:

第一跨架立筋长度 = 150 + 净长/3 + 150 = 150 + (6900 − 600)/3 + 150

= 2400mm

第三跨架立筋长度 = 150 + 净长/3 + 150 = 150 + (6900 − 700)/3 + 150

= 2367mm

【例 2-17】 如图 2-45 所示,设混凝土强度等级 C30,一级抗震,定尺长度 = 9000mm,绑扎搭接,求腰筋的长度。

解: 第一步 当为构造钢筋时:

第一跨钢筋长度 = 15d + 第一跨净长 + 15d = 6300 + 30 × 14 = 6720mm

第二跨钢筋长度 = 15d + 第二跨净长 + 15d = 1200 + 30 × 14 = 1620mm

第三跨钢筋长度 = 15d + 第三跨净长 + 15d = 6200 + 30 × 14 = 6620mm

第二步 当为抗扭腰筋时计算锚固 l_{aE},查 16G101-1 图集 58 页表:

锚固长度 l_{aE} = 33d = 33 × 14 = 462mm

第一跨钢筋长度 = 左支座直锚长度 + 第一跨净长 + max(0.5h_c + 5d, l_{aE})

= 462 + 6300 + max(0.5 × 600 + 5 × 14, 462) = 7224mm

第二跨钢筋长度 = max(0.5h_c + 5d, l_{aE}) + 第二跨净长 + max(0.5h_c + 5d, l_{aE})

= 462 + 1200 + 462 = 2124mm

第三跨钢筋长度 = max(0.5h_c + 5d, l_{aE}) + 第三跨净长 + 右支座直锚长度

= 462 + 6200 + 462 = 7124mm

【例 2-18】 如图 2-43 所示,设保护层厚度 = 25mm,定尺长度 = 9000mm,绑扎搭接,三级抗震,求箍筋的长度和根数。

解: 第一步 计算加密区长度:

按 16G101-1 图集第 88 页,加密区长度为:

$$\max(1.5h_b, 500) = \max(1.5 \times 700, 500) = 1050mm$$

第二步 计算箍筋根数:

第一跨加密区根数 $= [(加密区长度 - 50)/100 + 1] \times 2$

$$= [(1050 - 50)/100 + 1] \times 2 = 22 \text{ 根}$$

第一跨非加密区根数 $=$ 非加密区长度$/200 - 1$

$$= (6300 - 1050 \times 2)/200 - 1 = 20 \text{ 根}$$

第二跨净长 $= 1200 < 1050 \times 2$,故第二跨箍筋总数 $= (1200 - 50 - 50)/100 + 1$

$$= 12 \text{ 根}$$

第三跨加密区根数 $= [(加密区长度 - 50)/100 + 1] \times 2$

$$= [(1050 - 50)/100 + 1] \times 2 = 22 \text{ 根}$$

第三跨非加密区根数 $=$ 非加密区长度$/200 - 1$

$$= (6200 - 1050 \times 2)/200 - 1 = 20 \text{ 根}$$

第三步 梁箍筋根数 $=$ 第一跨箍筋总数 $+$ 第二跨箍筋总数 $+$ 第三跨箍筋总数

$$= 42 + 12 + 42 = 96 \text{ 根}$$

箍筋长度 $= (300 + 700) \times 2 - 8 \times 25 + 1.9 \times 10 \times 2 + \max(75, 10 \times 10) \times 2$

$$= 2038mm$$

本章练习题(练习题答案请登录 www.11g101.com)

一、单选题

1. 图纸中,KL7(3)300×700 GY500×250 表示( )。

A. 7 号框架梁,3 跨,截面尺寸为宽 300mm、高 700mm,第三跨变截面根部高 500mm、端部高 250mm

B. 7 号框架梁,3 跨,截面尺寸为宽 700mm、高 300mm,第三跨变截面根部高 500mm、端部高 250mm

C. 7 号框架梁,3 跨,截面尺寸为宽 300mm、高 700mm,第一跨变截面根部高 250mm、端部高 500mm

D. 7 号框架梁,3 跨,截面尺寸为宽 300mm、高 700mm,框架梁竖向加腋,腋长 500mm、腋高 250mm

2. 架立钢筋同支座负筋的搭接长度为( )。

A. 15d B. 12d C. 150mm   D. 250mm

3. 一级抗震框架梁箍筋加密区判断条件是(   )。

    A. 1.5h_b(梁高)、500mm 取大值   B. 2h_b(梁高)、500mm 取大值

C. 1200mm   D. 1500mm

4. 梁的上部钢筋第一排全部为 4 根通长筋,第二排有 2 根端支座负筋,端支座负筋长度为(   )。

    A. 1/5l_n + 锚固   B. 1/4l_n + 锚固

C. 1/3l_n + 锚固   D. 其他值

5. JZL1(2A)表示(   )。

    A. 1 号井字梁,两跨一端带悬挑   B. 1 号井字梁,两跨两端带悬挑

C. 1 号简支梁,两跨一端带悬挑   D. 1 号简支梁,两跨两端带悬挑

6. 抗震屋面框架梁纵向钢筋端支座处伸至柱边下弯,弯折长度为(   )。

    A. 15d B. 12d

C. 梁高 - 保护层厚度   D. 梁高 - 保护层厚度×2

7. 梁有侧面钢筋时需要设置拉筋,当设计没有给出拉筋直径时如何判断?(   )

    A. 梁高≤350mm 时为 6mm,梁高 >350mm 时为 8mm

    B. 梁高≤450mm 时为 6mm,梁高 >450mm 时为 8mm

    C. 梁宽≤350mm 时为 6mm,梁宽 >350mm 时为 8mm

    D. 梁宽≤450mm 时为 6mm,梁宽 >450mm 时为 8mm

8. 纯悬挑梁下部带肋钢筋伸入支座长度为(   )。

    A. 15d B. 12d C. l_{aE} D. 支座宽

9. L 为悬挑梁净长,悬挑梁上部第二排钢筋伸入悬挑端直线段的延伸长度为(   )。

    A. L - 保护层厚度   B. 0.85L

C. 0.8L D. 0.75L

10. 当梁上部纵筋多余一排时,用(   )将各排钢筋自上而下分开。

    A. /   B. ;   C. *   D. +

11. 梁中同排纵筋直径有两种时,用(   )将两种纵筋相连,标注时将角部纵筋写在前面。

    A. /   B. ;   C. *   D. +

12. 梁高≤800mm 时,吊筋弯起角度为(   )。

    A. 60°   B. 30°   C. 45°   D. 90°

二、多选题

1. 梁的平面标注包括集中标注和原位标注,集中标注有五项必注值是(   )。

40

A. 梁编号、截面尺寸　　　　　　B. 梁上部通长筋、箍筋

C. 梁侧面纵向钢筋　　　　　　　D. 梁顶面标高高差

2. 框架梁上部纵筋包括(　　　)。

A. 上部通长筋　　　　　　　　　B. 支座负筋

C. 架立筋　　　　　　　　　　　D. 腰筋

3. 框架梁的支座负筋延伸长度规定为(　　　)。

A. 第一排端支座负筋从柱边开始延伸至 $l_n/3$ 位置

B. 第二排端支座负筋从柱边开始延伸至 $l_n/4$ 位置

C. 第二排端支座负筋从柱边开始延伸至 $l_n/5$ 位置

D. 中间支座负筋延伸长度同端支座负筋

4. 楼层框架梁端部钢筋锚固长度判断分析正确的是(　　　)。

A. 当 $l_{aE} \leqslant$ (支座宽 – 保护层厚度)时,可以直锚

B. 直锚长度为 l_{aE}

C. 当 $l_{aE} >$ (支座宽 – 保护层厚度)时,必须弯锚

D. 弯锚时,锚固长度 = 支座宽 – 保护层厚度 + $15d$

5. 下列关于支座两侧梁高不同的钢筋构造说法正确的是(　　　)。

A. 顶部有高差时,高跨上部纵筋伸至柱对边弯折 $15d$

B. 顶部有高差时,低跨上部纵筋直锚入支座 $l_{aE}(l_a)$

C. 底部有高差时,低跨上部纵筋伸至柱对边弯折,弯折长度 = $15d$ + 高差

D. 底部有高差时,高跨下部纵筋直锚入支座 $l_{aE}(l_a)$

三、计算题

1. 如图 2-46 所示,一级抗震,混凝土强度等级 C30,定尺长度 = 9000mm,绑扎搭接,求悬挑梁的钢筋长度。

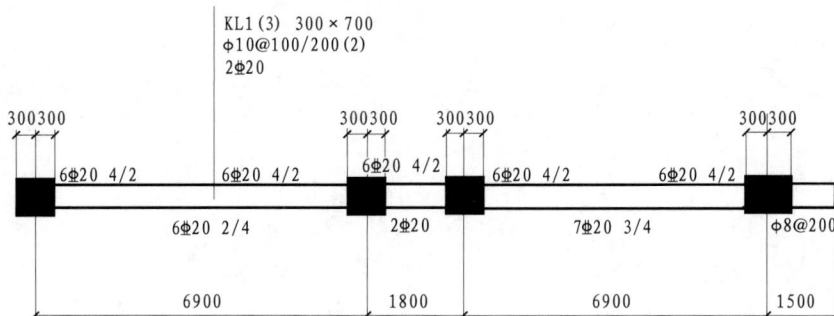

图 2-46　计算题(一)(尺寸单位:mm)

2. 如图 2-47 所示,一级抗震,混凝土强度等级 C30,定尺长度 = 9000mm,绑扎搭接,求吊筋长度。

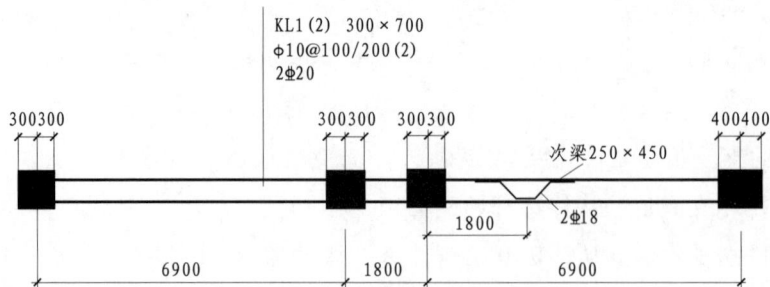

图 2-47 计算题(二)(尺寸单位:mm)

拓展知识

井字梁等构造计算

第三章　柱平法识图与钢筋长度计算

教学课件

本章重点

　　本章重点讲解柱列表标注方式和截面标注方式的平法识图,同时对柱的基础插筋、首层纵筋、中间层纵筋、顶层纵筋各种节点的构造进行了三维展示,并列出了各类钢筋长度计算公式。

教学目标

　　通过本章的学习,能帮助学生熟悉现浇框架柱的平法识图,能掌握框架柱平法施工图的制图规则和注写方式。学生通过三维视图能掌握柱纵筋和箍筋的布置,并能理解记忆柱纵筋和箍筋长度的计算公式。通过实训案例和习题练习,学生能具备柱平法识图和钢筋长度计算实操能力。

建议学时

4 学时。

建议教学形式

　　配套使用 16G101-1、16G101-3 图集和本书所配钢筋平法多媒体教学系统课件、视频。

第一节　柱列表标注方式

一、列表标注方式

　　柱的平法施工图标注方式分列表标注方式和截面标注方式。

　　列表标注方式是在柱的平面布置图上,分别在同一编号的柱中选择一个或几个截面标注代号,在柱表中标注柱编号、柱段起止标高、几何尺寸(包括柱截面对轴线的偏心尺寸)与配筋的具体数值,并配以各种柱截面形状及其箍筋类型图的方式,来表达柱的平法施工图,如图 3-1 所示。

二、列表标注的内容

1.柱编号

柱编号由类型、代号和序号组成,应符合表 3-1 规定。

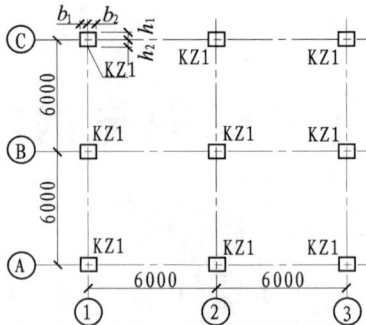

柱号	标高	$b \times h$	b_1	b_2	h_1	h_2	全部纵筋	角筋	b边一侧中部筋	h边一侧中部筋	箍筋类型号	箍筋
KZ1	$-4.53 \sim 15.87$	750×700	375	375	350	350		4 Φ 25	5 Φ 25	5 Φ 25	1(5×4)	Φ10@100/200

-4.530~15.87柱平法施工图(列表注写方式)

图 3-1　柱列表标注示意图(尺寸单位:mm)

柱 类 型 编 号　　　　　　　　　　　　　表 3-1

柱 类 型	代 号	序 号	特 征
框架柱	KZ	××	在框架结构中主要承受竖向压力,将来自框架梁的荷载向下传输,是框架结构中承力最大构件
转换柱	ZHZ	××	当梁支撑上部剪力墙的,称为框支梁,支撑框支梁的柱子即为框支柱
芯柱	XZ	××	由柱内内侧钢筋围成的柱称之为芯柱,它不是一根独立的柱子,在建筑外表是看不到的,隐藏在柱内
梁上柱	LZ	××	柱的生根不在基础而在梁上的柱称之为梁上柱,主要出现在建筑物上下结构或建筑布局发生变化时
剪力墙上柱	QZ	××	柱的生根不在基础而在墙上的称之为墙上柱

2. 各段柱的起止标高

柱施工图用列表标注方式标注柱的各段起止标高时,自柱根部往上以变截面位置或截面未变但配筋改变处为界分段标注。框架柱和转换柱的根部标高是指基础顶面标高;芯柱的根部标高是指根据结构实际需要而定的起始位置标高;梁上柱的根部标高是指梁顶面标高;剪力墙上柱的根部标高为墙顶面标高。

3. 柱截面尺寸

常见的框架柱截面形式有矩形和圆形,对于矩形柱 $b \times h$ 及与轴线相关的几何参数 b_1、b_2 和 h_1、h_2 的具体数值,需对应于各段柱分别标注。对于圆柱 $b \times h$ 栏改为在圆柱直径数字前加 D 表示。

其中 b、h 为长方形柱截面的边长,b_1、b_2 为柱截面形心距横向轴线的距离;h_1、h_2 为柱截面形心距纵向轴线的距离,$b = b_1 + b_2$,$h = h_1 + h_2$。对于圆柱截面与轴线的关系仍然用矩形截面柱的表示方式,即 $D = b_1 + b_2 = h_1 + h_2$。

4. 柱纵向受力钢筋

柱纵向受力钢筋为柱的主要受力钢筋,纵向钢筋根数至少应保证在每个阳角处设置一根。当柱纵筋直径相同,各边根数也相同时(包括矩形柱、圆柱和芯柱),将纵筋标注在"全部纵筋"一栏中;否则就需要将柱纵筋分角筋、截面 b 边中部筋、截面 h 边中部筋三项分别标注。

5. 柱箍筋

柱箍筋标注包括钢筋级别、型号、箍筋肢数、直径与间距。当为抗震设计时,用斜线"/"区分柱端箍筋加密区与柱身非加密区箍筋的不同间距。当圆柱采用螺旋箍筋时,需在箍筋前加"L"表示。

【例 3-1】 φ10@100/200,表示箍筋为 HPB300 级钢筋,直径 10mm,加密区间距为 100mm,非加密区间距为 200mm。

【例 3-2】 φ10@100/200(φ12@100)表示柱中箍筋为 HPB300 级钢筋,直径 10mm,加密区间距为 100mm,非加密区间距为 200mm。框架节点核心区箍筋为 HPB300 级钢筋,直径 12mm,间距为 100mm。

【例 3-3】 Lφ10@100/220,表示采用螺旋箍筋,HPB300 级钢筋,直径 10mm,加密区间距为 100mm,非加密区间距为 220mm。

第二节　柱截面标注方式

截面标注方式是在柱平面布置图的柱截面上,分别在同一编号的柱中选择一个截面,以直接标注截面尺寸和配筋具体数值的方式来表达柱平法施工图。从相同编号的柱中选择一个截面,按另一种比例原位放大绘制柱截面配筋图,并在各配筋图上继其编号后再标注截面尺寸 $b \times h$、角筋或全部纵筋、箍筋的具体数值以及在柱截面配筋图上标注柱截面与轴线关系 b_1、b_2、h_1、h_2 的具体数值,如图 3-2 所示。

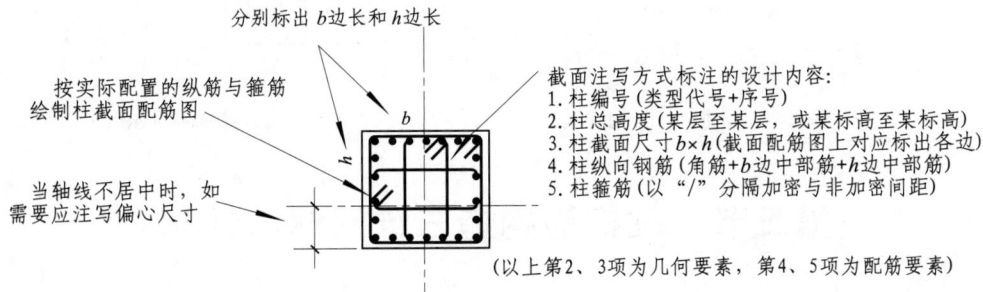

图 3-2　截面标注方式的标注内容

如图 3-3 所示,KZ2 的截面尺寸为 600mm×600mm,柱角部配筋为 4 根直径为 25mm 的纵筋,柱两边中部分别为 2 根直径为 22mm 的纵筋,箍筋直径 10mm,加密区间距为 100mm,非加密区间距为 200mm。

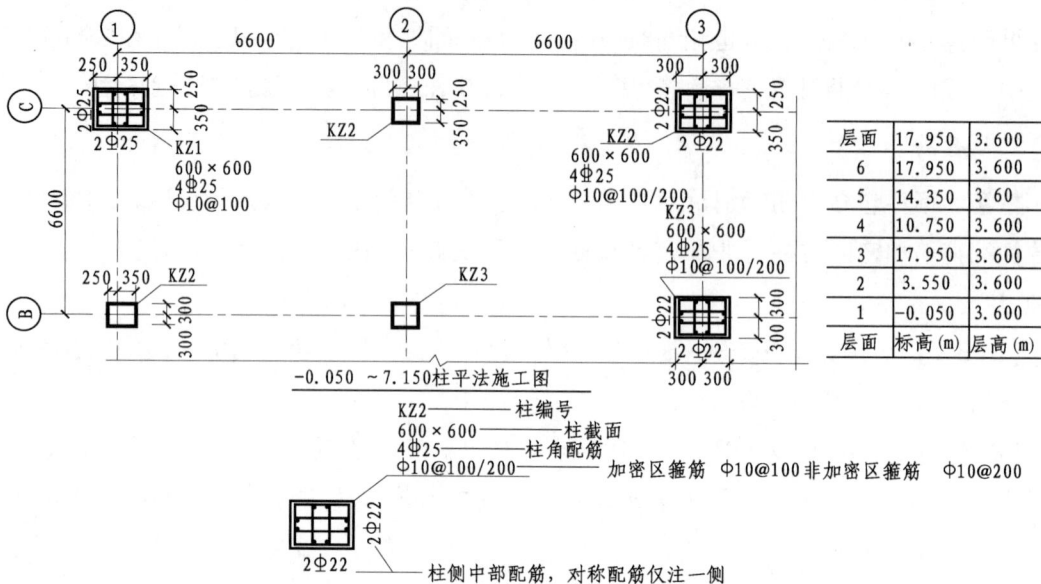

层面	17.950	3.600
6	17.950	3.600
5	14.350	3.60
4	10.750	3.600
3	17.950	3.600
2	3.550	3.600
1	-0.050	3.600
层面	标高(m)	层高(m)

图 3-3　柱截面标注方式示例(尺寸单位:mm)

圆柱截面标注为在圆柱直径数字前加 D 表示;当圆柱采用螺旋箍筋时,需在箍筋前加 L 表示,并标注加密区和非加密区间距。圆柱截面标注方式如图 3-4 所示。

芯柱是柱中柱,位于框架柱一定高度范围内的中心位置,不需要标注截面尺寸,但需要标注其名称、芯柱的起止标高、全部纵筋及箍筋的具体数字。柱芯截面标注方式如图 3-5 所示。

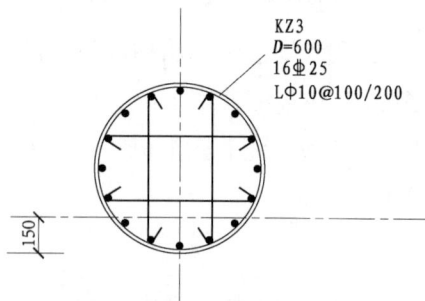

图 3-4　圆柱截面标注示例(尺寸单位:mm)

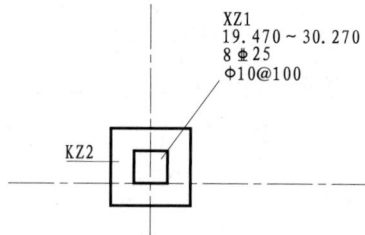

图 3-5　芯柱截面标注示例

第三节　柱钢筋构造三维图解与计算

柱需要计算的钢筋按照所在位置及功能不同,可以分为纵筋和箍筋两大部分,见表 3-2。

	柱要计算的钢筋	表 3-2

钢 筋 类 型	钢 筋 名 称
纵筋	基础插筋
	首层纵筋
	中间层纵筋
	顶层纵筋
箍筋	箍筋

一、框架柱在基础中长度及箍筋根数计算（请参考 16G101-3 图集第 66 页）

一般基础和柱是分开施工的,柱的钢筋如果直接预留到基础内,则因钢筋边长不方便施工,所以在基础内预埋一段钢筋用于和柱钢筋搭接用,大小和根数与柱相同。基础内的箍筋,一般是 2~3 道,用于固定插筋用,出了基础顶面就是柱的箍筋。伸出的钢筋长度要满足搭接或者焊接要求。基础插筋,如图 3-6 所示。

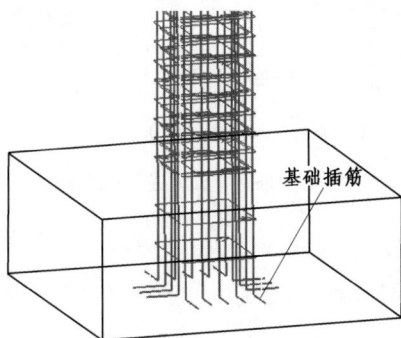

图 3-6　基础插筋示意图

1. 框架柱在基础中插筋长度计算（以地下室为例,嵌固部位不在基础顶面）

（1）当插筋保护层厚度 $>5d$,h_j（基础底面至基础顶面的高度）$>l_{aE}$ 时（图 3-7）:

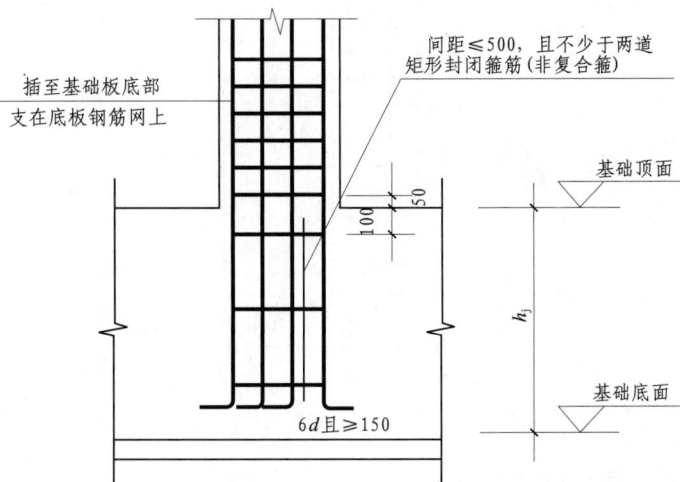

插筋保护层厚度 $>5d$；$h_j>l_{aE}(l_a)$

图 3-7　柱插筋在基础中锚固构造图（一）

基础插筋长度 $= h_j -$ 保护层厚度 $+ \max(6d, 150) +$ 非连接区 $\max(h_n/6, h_c, 500) + l_{lE}$

（2）当插筋保护层厚度 $> 5d, h_j \leqslant l_{aE}$ 时（图3-8）：

基础插筋长度 $= h_j -$ 保护层厚度 $+ 15d +$ 非连接区 $\max(h_n/6, h_c, 500) + l_{lE}$

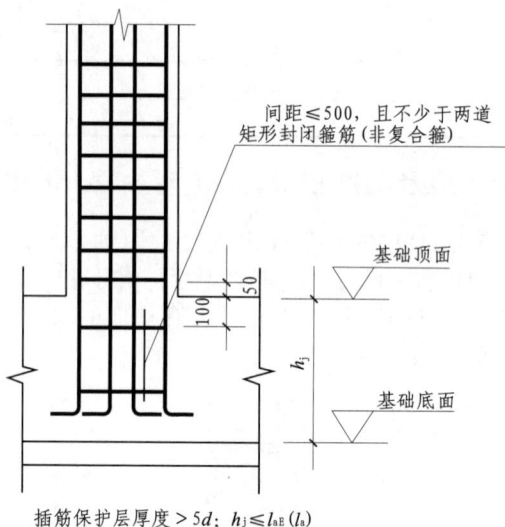

图 3-8　柱插筋在基础中锚固构造图(二)

（3）当外侧插筋保护层厚度 $\leqslant 5d, h_j > l_{aE}$ 时（图3-9）：

基础插筋长度 $= h_j -$ 保护层厚度 $+ \max(6d, 150) +$ 非连接区 $\max(h_n/6, h_c, 500) + l_{lE}$

锚固区横向箍筋应满足直径 $\geqslant d/4$（d 为插筋最大直径），间距 $\leqslant 5d$（d 为插筋最小直径）且 $\leqslant 100mm$。

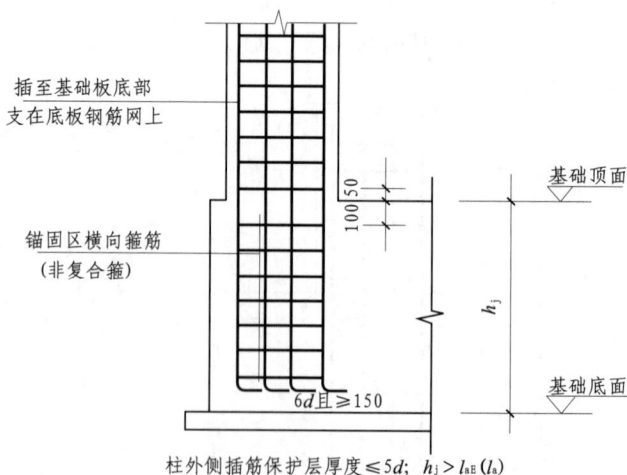

图 3-9　柱插筋在基础中锚固构造图(三)

（4）当外侧插筋保护层厚度 $\leqslant 5d, h_j \leqslant l_{aE}$ 时（图3-10）：

基础插筋长度 $= h_j -$ 保护层厚度 $+ 150 +$ 非连接区 $\max(h_n/6, h_c, 500) + l_{lE}$

锚固区横向箍筋应满足直径≥$d/4$（d为插筋最大直径），间距≤$5d$（d为插筋最小直径）且≤100mm。

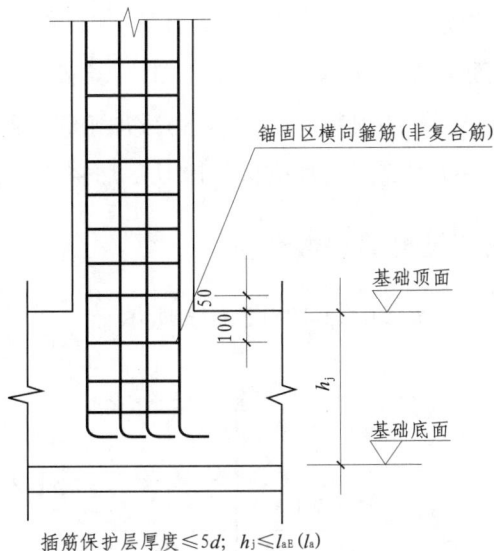

图3-10　柱插筋在基础中锚固构造图（四）

2. 柱基础箍筋个数计算

框架柱在基础中箍筋个数＝（基础高度－基础保护层厚度－100）/间距＋1

柱基础插筋在基础中箍筋的个数不应少于两道封闭箍筋。

以上是地下室情况，地上首层嵌固部位在首层楼面下部非连接区长度为$h_n/3$。

二、首层柱纵筋长度计算及箍筋根数计算

首层柱纵筋长度示意，如图3-11所示。

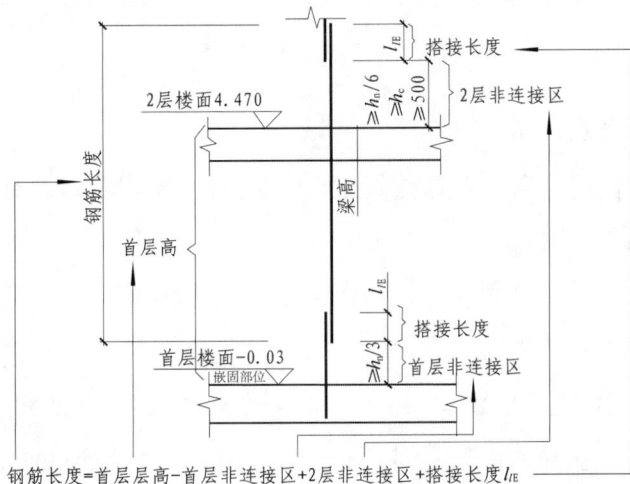

图3-11　首层柱子纵筋长度示意图

纵筋长度 = 首层层高 – 首层非连接 $h_n/3$ + $\max(h_n/6, h_c, 500)$ + 搭接长度 l_{lE}

本层箍筋根数是由上下加密区和中间非加密区除以相应的间距得出的,所以要先计算上下加密区和非加密区的长度。

上部加密区箍筋根数 = $[\max(h_n/6, h_c, 500) + 梁高]/加密区间距 + 1$

下部加密箍筋根数 = $(h_n/3 - 50)/加密区间距 + 1$

中间非加密区箍筋根数 = $(层高 - 上加密区长度 - 下加密区长度)/非加密区间距 - 1$

三、中间层柱纵筋长度及箍筋根数计算

中间层柱纵筋长度、钢筋构造如图 3-12、图 3-13 所示。

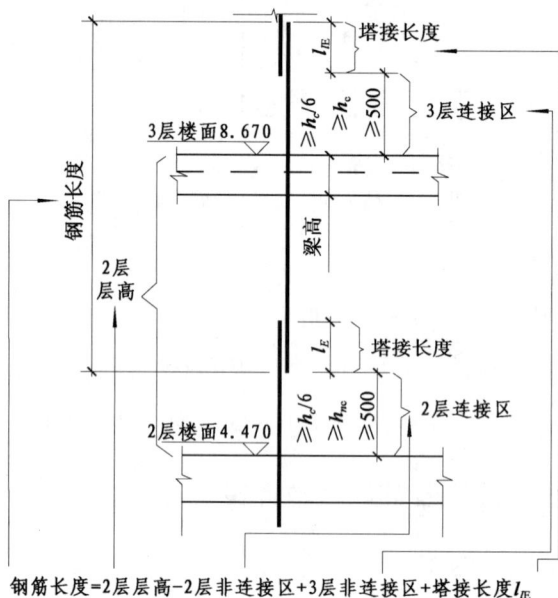

钢筋长度=2层层高-2层非连接区+3层非连接区+搭接长度l_{lE}

图 3-12　中间层柱子纵筋长度示意图

1. 中间层柱纵筋长度计算

纵筋长度 = 中间层层高 – 当前层非连接区长度 + (当前层 + 1)层的非连接区长度 + 搭接长度 l_{lE}

非连接区长度 = $\max(h_n/6, 500, h_c)$

2. 中间层柱箍筋根数计算

上部加密区箍筋根数 = $[\max(h_n/6, h_c, 500) + 梁高]/加密间距 + 1$

下部加密区箍筋根数 = $[\max(h_n/6, h_c, 500) - 50]/加密间距 + 1$

非加密区箍筋根数 = $(层高 - 上加密区长度 - 下加密区长度)/非加密区间距 - 1$

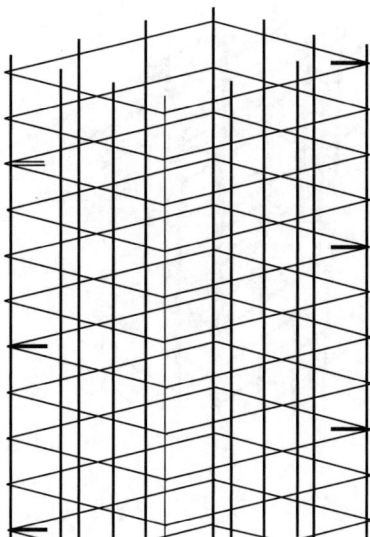

图 3-13 中间层柱钢筋构造示意图

四、顶层边角柱纵筋长度计算(参考 16G101-1 图集第 61 页)

顶层柱又区分为边柱、角柱和中柱,在顶层锚固长度有区别,其中边柱、角柱共分 A、B、C、D、E 五个不同节点。

(1)A 节点(图 3-14):柱筋作为梁上部筋使用,当柱外侧钢筋不小于梁上部钢筋时,可以弯入梁内作为梁上部纵向钢筋。顶层边角柱 A 节点钢筋构造如图 3-15 所示。

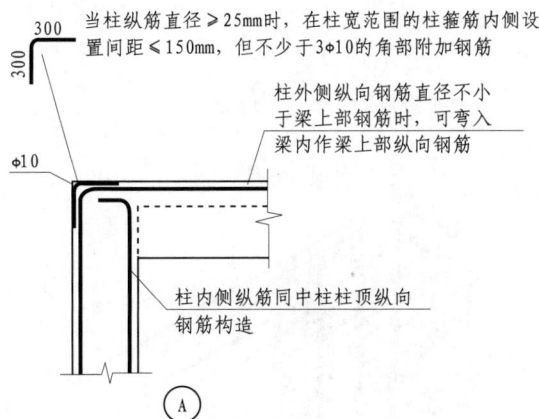

图 3-14 顶层边角柱 A 节点(尺寸单位:mm)

外侧纵筋长度 = 顶层层高 – 顶层非连接区 – 保护层厚度 + 弯入梁内的长度

内侧纵筋长度 = 顶层层高 – 顶层非连接区 – 保护层厚度 + 12d

当梁高 – 保护层厚度 ≥ l_{aE} 时,直锚。

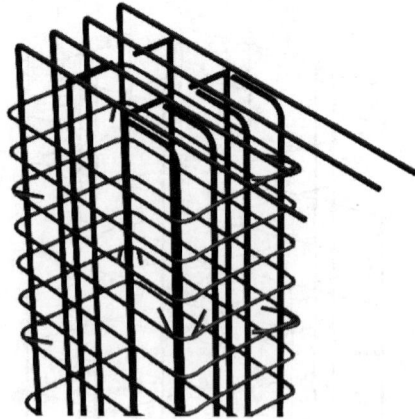

图 3-15 顶层边角柱 A 节点钢筋构造示意图

（2）B 节点（图 3-16）：从梁底算起 $1.5l_{abE}$ 超过柱内侧边缘。顶层边角柱 B 节点钢筋构造如图 3-17 所示。

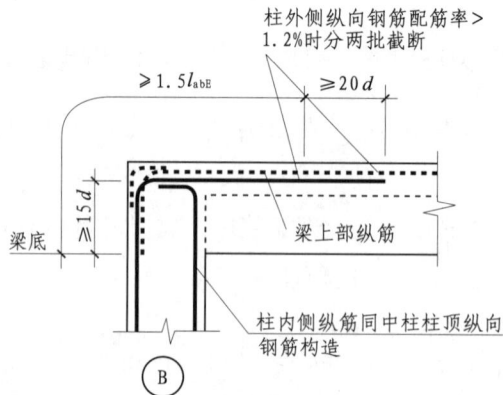

柱外侧纵向钢筋配筋率>1.2%时分两批截断

$\geqslant 1.5l_{abE}$

$\geqslant 20d$

$\geqslant 15d$

梁底

梁上部纵筋

柱内侧纵筋同中柱柱顶纵向钢筋构造

B

从梁底算起 $1.5l_{abE}$ 超过柱内侧边缘

图 3-16 顶层边角柱 B 节点

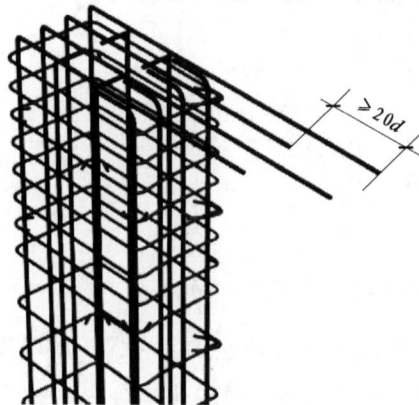

$\geqslant 20d$

图 3-17 顶层边角柱 B 节点钢筋构造示意图

$$外侧钢筋长度 = 顶层层高 - 顶层非连接区 - 梁高 + 1.5l_{ab}$$

当配筋率 $> 1.2\%$ 时,钢筋分两批截断,长的部分多加 $20d$。

$$内侧纵筋长度 = 顶层层高 - 顶层非连接区 - 保护层 + 12d$$

当梁高 $-$ 保护层厚度 $\geq l_{aE}$ 时,可不弯折 $12d$。

（3）C 节点（图 3-18）:从梁底算起 $1.5l_{abE}$ 未超过柱内侧边缘。顶层边角柱 C 节点钢筋构造如图 3-19 所示。

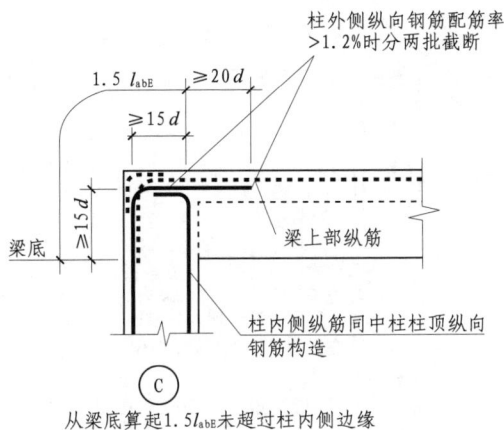

图 3-18　顶层边角柱 C 节点

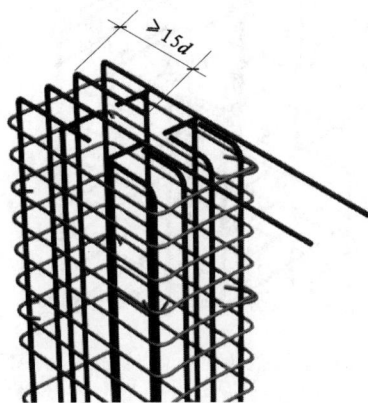

图 3-19　顶层边角柱 C 节点钢筋构造示意图

$$外侧钢筋长度 = 顶层层高 - 顶层非连接区 - 梁高 + \max(1.5倍锚固长, 梁高 -$$
$$保护层厚度 + 15d)$$

当配筋率 $> 1.2\%$ 时,钢筋分两批截断,长的部分多加 $20d$。

$$内侧纵筋长度 = 顶层层高 - 顶层非连接区 - 保护层厚度 + 12d$$

当梁高 $-$ 保护层厚度 $\geq l_{aE}$ 时,可不弯折 $12d$。

（4）D 节点（图 3-20）：柱顶第一层伸至柱内边向下弯折 8d，第二层钢筋伸至柱内边，内侧钢筋同中柱。顶层边角柱 D 节点钢筋构造如图 3-21 所示。

外侧纵筋长度 = 顶层层高 − 顶层非连接区 − 保护层厚度 + 柱宽 − 保护层厚度 × 2 + 8d

内侧纵筋长度 = 顶层层高 − 顶层非连接区 − 保护层厚度 + 12d

当梁高 − 保护层厚度 ≥ l_{aE} 时，可不弯折 12d。

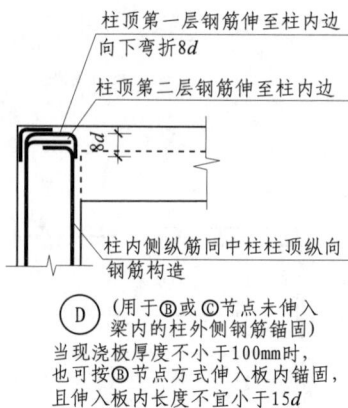

图 3-20　顶层边角柱 D 节点示意图

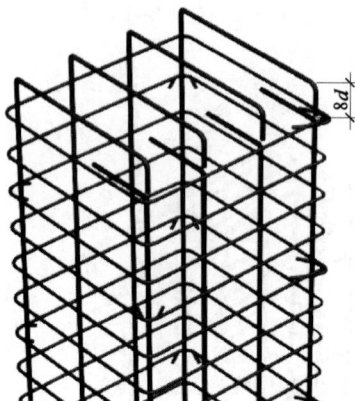

图 3-21　顶层边角柱 D 节点钢筋构造示意图

（5）E 节点（图 3-22）：梁、柱纵向钢筋搭接头沿节点外侧直线布置。顶层边角柱 E 节点钢筋构造如图 3-23 所示。

柱外侧纵筋长 = 顶层层高 − 保护层厚度 − 顶层非连接区

梁上部纵筋锚入柱内 1.7l_{ab}，当配筋率 > 1.2% 时，再加 20d。

内侧纵筋长度 = 顶层层高 − 顶层非连接区 − 保护层厚度 + 12d

当梁高 − 保护层厚度 ≥ l_{aE} 时，直锚。

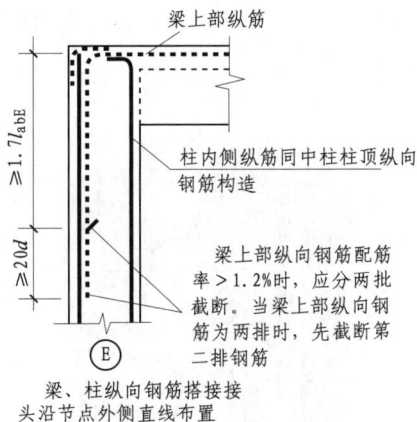

梁上部纵筋

$\geq 1.7l_{abE}$

$\geq 20d$

柱内侧纵筋同中柱柱顶纵向钢筋构造

梁上部纵向钢筋配筋率＞1.2%时，应分两批截断。当梁上部纵向钢筋为两排时，先截断第二排钢筋

Ⓔ

梁、柱纵向钢筋搭接接头沿节点外侧直线布置

图 3-22 顶层边角柱 E 节点示意图

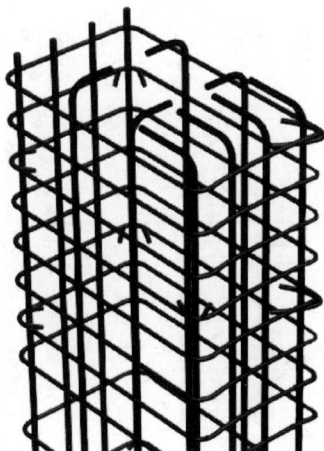

图 3-23 顶层边角柱 E 节点钢筋构造示意图

五、顶层中柱纵筋长度计算（请参考 16G101-1 图集第 68 页）

（1）A 节点（图 3-24、图 3-25）。当梁高 - 保护层厚度 $< l_{aE}$ 时：

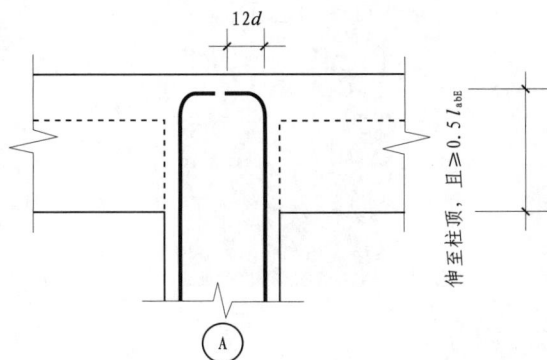

$12d$

伸至柱顶，且 $\geq 0.5l_{abE}$

Ⓐ

图 3-24 顶层中柱 A 节点示意图

$$纵筋长度 = 顶层层高 - 顶层非连接区 - 保护层厚度 + 12d$$

$$非连接区长度 = \max(h_n/6, 500, h_c)$$

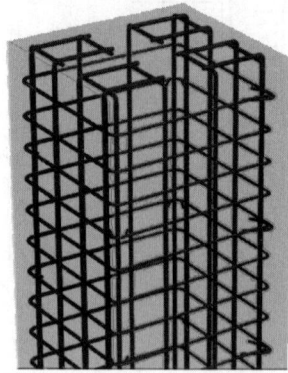

图 3-25　顶层中柱 A 节点钢筋构造示意图

（2）B 节点（图 3-26、图 3-27）。当梁高 - 保护层厚度 $< l_{aE}$ 时：

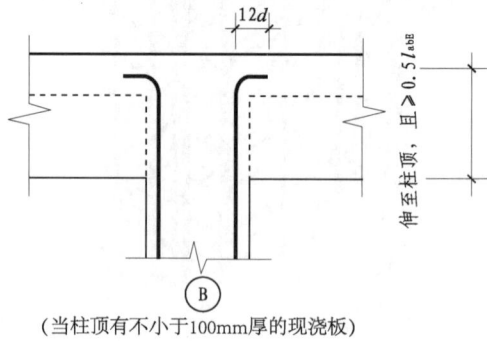

（当柱顶有不小于100mm厚的现浇板）

图 3-26　顶层中柱 B 节点示意图

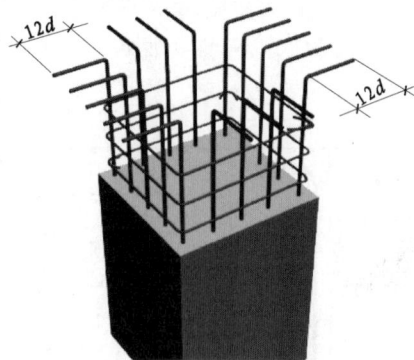

图 3-27　顶层中柱 B 节点钢筋构造示意图

$$纵筋长度 = 顶层层高 - 顶层非连接区 - 保护层厚度 + 12d$$

$$非连接区长度 = \max(h_n/6, 500, h_c)$$

（3）C、D 节点（图 3-28、图 3-29）。当梁高 - 保护层厚度 $\geq l_{aE}$ 时：

$$纵筋长度 = 顶层层高 - 顶层非连接区 - 梁高 + 锚固长$$

$$非连接区长度 = \max(h_n/6, 500, h_c)$$

$$锚固长 = 梁高 - 保护层厚度$$

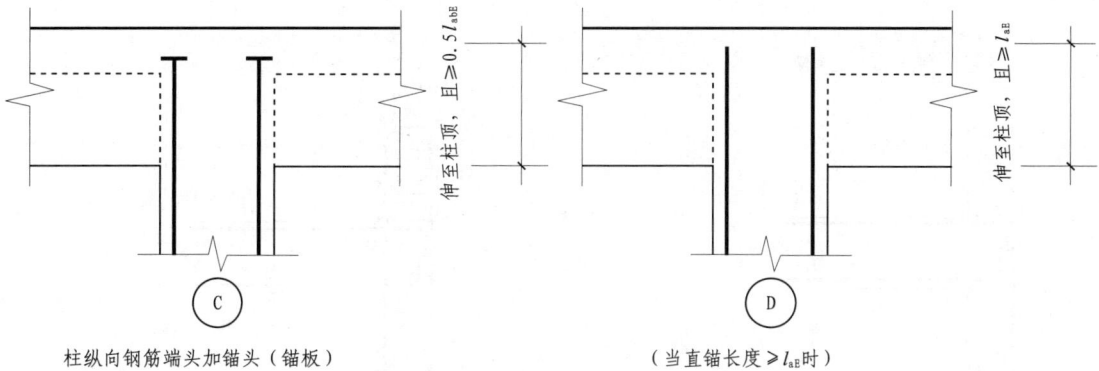

柱纵向钢筋端头加锚头（锚板）　　　　　　（当直锚长度 $\geq l_{aE}$ 时）

图 3-28　顶层中柱 C、D 节点示意图

图 3-29　顶层中柱 C、D 节点钢筋构造示意图

六、顶层柱箍筋根数计算及在截面伸出时纵筋构造和箍筋间距(图3-30)

$$上部加密区根数 = [max(h_n/6, h_c, 500) + 梁高]/加密间距 + 1$$

$$下部加密区根数 = max(h_n/6, h_c, 500)/加密间距 + 1$$

$$非加密区根数 = (层高 - 上加密区长度 - 下加密区长度)/非加密区间距 - 1$$

当采用绑扎搭接时,搭接区需要加密。

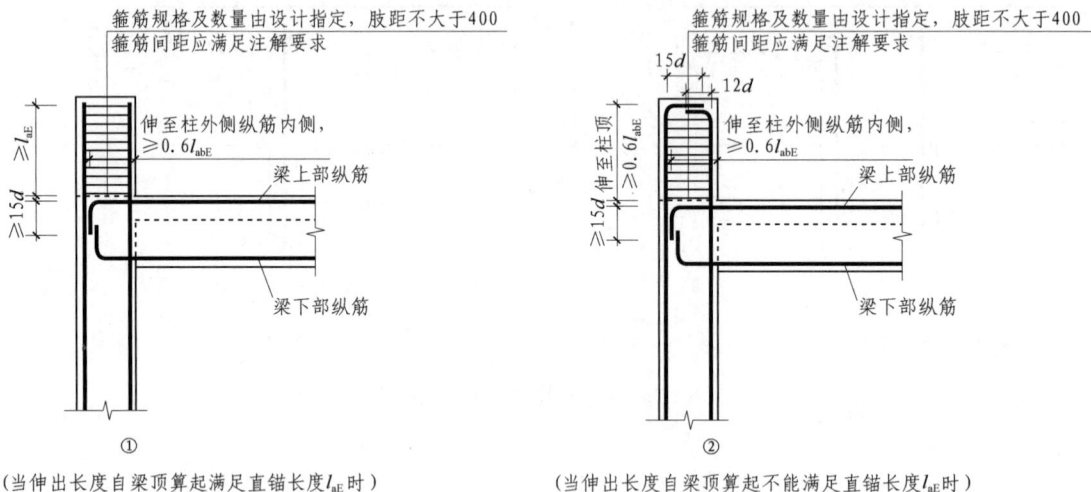

图3-30 顶层柱等截面伸出时纵筋构造和箍筋间距

注:锚固钢筋长度范围内应设置横向构造钢筋,其直径不应小于$d/4$(d为锚固钢筋的最大直径);对梁、柱等构件间距不应大于$5d$,对板、墙等构件间距不应大于$10d$,且均不应大于100mm(d为锚固钢筋的最小直径)。

七、框架柱箍筋长度计算(请参考16G101-1图集第70页)

框架柱箍筋一般分为两大类:非复合箍筋、复合箍筋。常见的矩形复合箍筋的复合方式(图3-31)有:

(1)采用大箍套小箍的形式,柱内复合箍筋可全部采用拉筋。

(2)在同一组内复合箍筋各肢位置不能满足对称性要求时,沿柱竖向相邻两组箍筋应交错放置。

(3)矩形箍筋复合方式同样适用于芯柱。

$$箍筋长度 = 周长 - 8 \times 保护层厚度 + 1.9d \times 2 + max(75, 10d) \times 2$$

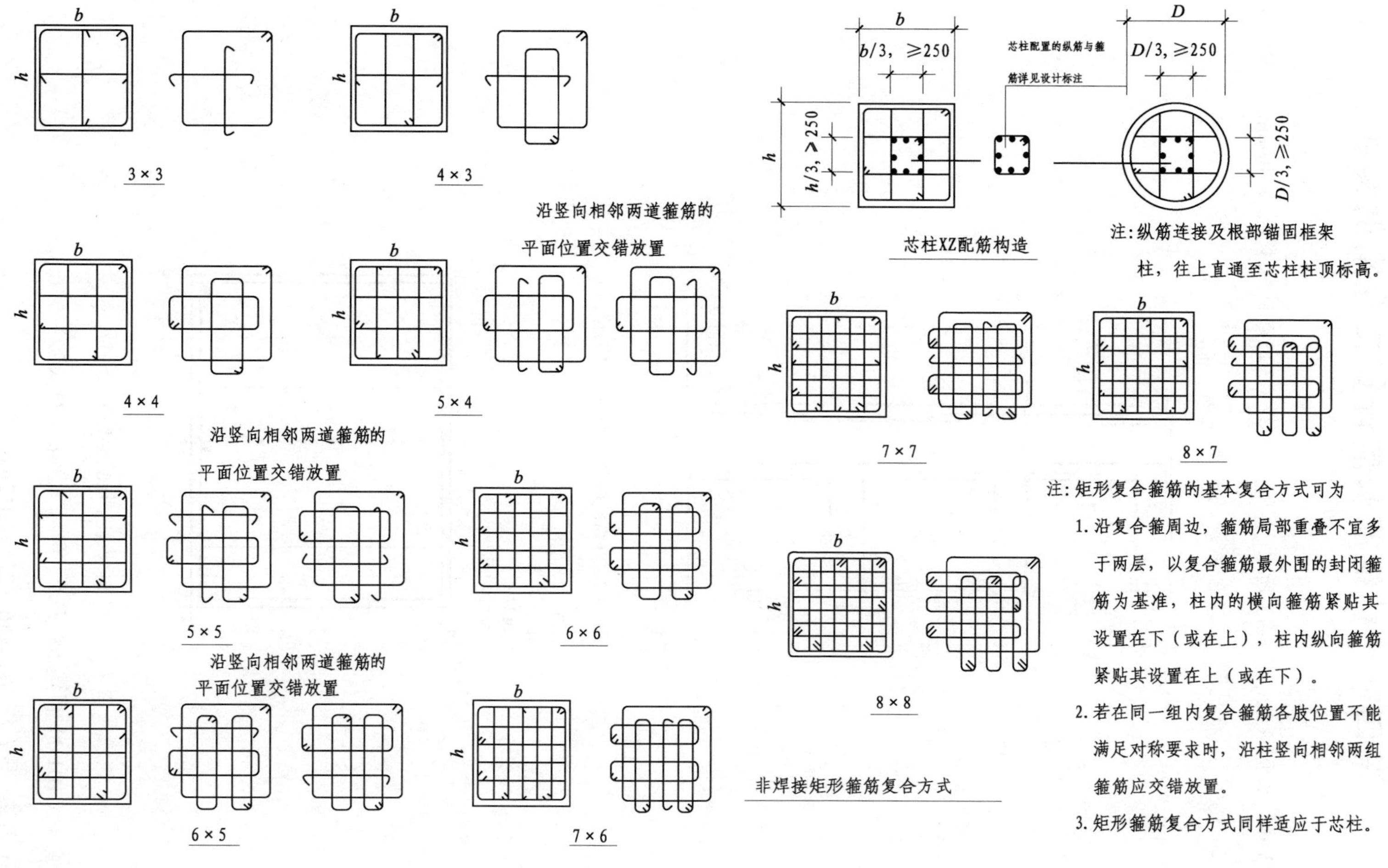

芯柱配置的纵筋与箍
箍详见设计标注

芯柱YZ配筋构造

注：纵筋连接及根部锚固同框架
柱，往上直通至芯柱柱顶标高。

注：矩形复合箍筋的基本复合方式可为

1. 沿复合箍筋周边，箍筋局部重叠不宜多
于两层，柱内的横向封闭箍筋以复合箍筋最外围的封闭箍
筋为基准，柱内纵向箍筋紧贴其
设置在下（或在上），柱内纵向箍筋
紧贴其设置在上（或在下）。

2. 若在同一组内复合箍筋各肢位置不能
满足对称要求时，沿柱竖向相邻两组
箍筋应交错放置。

3. 矩形箍筋复合方式同样适应于芯柱。

非焊接矩形箍筋复合方式

7×7

8×7

8×8

6×6

7×6

沿竖向相邻两道箍筋的
平面位置交错放置

4×3

5×4

沿竖向相邻两道箍筋的
平面位置交错放置

5×5

6×5

3×3

4×4

沿竖向相邻两道箍筋的
平面位置交错放置

图3-31 柱箍筋示意图

59

第四节　柱钢筋长度计算工程案例实训

【例3-4】 如图3-32、图3-33所示,混凝土等级C30,基础保护层厚40mm,纵向钢筋搭接接头百分率50%,一级抗震,求基础插筋的长度。

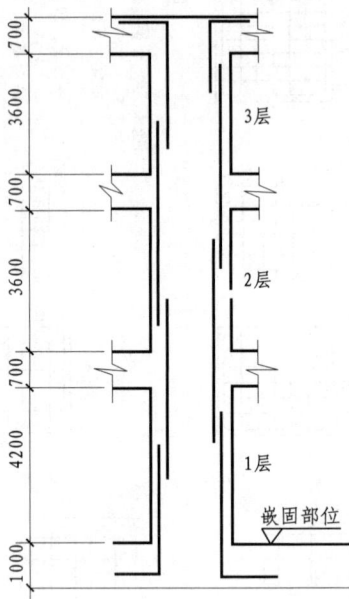

图3-32　柱纵向钢筋搭接图(尺寸单位:mm)

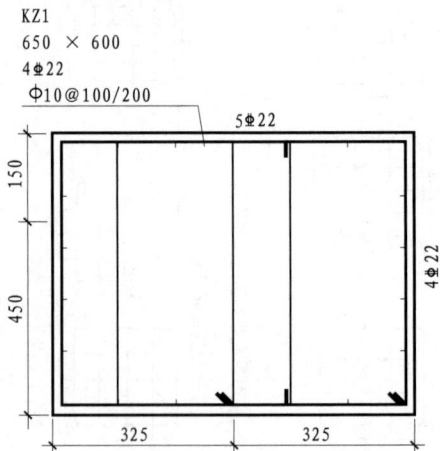

图3-33　柱平面配筋图(尺寸单位:mm)

解: 查16G101-11图集58页表,得 $l_{aE} = 33d = 33 \times 22 = 726\text{mm}$。

查61页表,得 $l_{lE} = 46d = 46 \times 22 = 1012\text{mm}$。

竖直长度 $h_1 = 1000 - 40 = 960\text{mm}$。

因 $h_1 > l_{aE}$，得

$$柱基础插筋长度 = 竖直长度 + \max(6d,150) + h_n/3 + l_{lE}$$
$$= 960 + 150 + h_n/3 + 1.4 \times 734$$
$$= 1110 + 4200/3 + 1.4 \times 734 = 3537.6\text{mm}$$

【例3-5】 如图3-31、图3-32所示，某大楼首层净高4200mm，梁高700mm，一级抗震，混凝土强度等级C30，钢筋采用绑扎搭接，求首层柱纵筋长。

解：查16G101-1图集58页表，得 $l_{aE} = 33d = 33 \times 22 = 726\text{mm}$。

查61页表，得 $l_{lE} = 46d = 46 \times 22 = 1012\text{mm}$。

$$竖直长度 = 4200 + 700 - h_n/3 + \max(3600/6,650,500) + 1012 = 5162\text{mm}$$

【例3-6】 如图3-31、图3-32所示，某大楼中间层净高3600mm，梁高700mm，一级抗震，混凝土强度等级C30，采用绑扎搭接，求中间层柱纵筋长。

解：查16G101-1图集58页表，得 $l_{aE} = 33d = 33 \times 22 = 726\text{mm}$。

查61页表，得 $l_{lE} = 46d = 46 \times 22 = 1012\text{mm}$。

$$竖直长度 = 3600 + 700 - \max(3600/6,650,500) + \max(3600/6,650,500) + 1012$$
$$= 5312\text{mm}$$

【例3-7】 如图3-31、图3-32所示，混凝土强度等级C30，柱保护层厚30mm，一级抗震，采用绑扎，求顶层中柱纵筋的长度。

解：查16G101-1图集58页表，得 $l_{aE} = 33d = 33 \times 22 = 726\text{mm}$。

查61页表，得 $l_{lE} = 46d = 46 \times 22 = 1012\text{mm}$。

$$顶层柱纵筋长度 = 顶层净高 - 顶层非连接区长度 + 锚固长度[即(梁高 - 保护层厚度) + 12d]$$
$$= 3600 - \max(3600/6,650,500) + 700 - 30 + 12 \times 22$$
$$= 3600 - 650 + 700 - 30 + 264 = 3884\text{mm}$$

【例3-8】 如图3-31、图3-32所示，混凝土等级C30，一级抗震，采用电渣压力焊连接，求首层柱箍筋根数。

解：箍筋根数按柱箍筋的加密区和非加密区分别计算。

下部加密区长度 $= h_n/3 = 1400\text{mm}$

下部加密区箍筋根数 $= (加密长度 - 50)/间距 + 1 = 1350/100 + 1 = 15根$

上部加密区长度 $= \max(h_n/6, h_c, 500) + 梁高$

$$= \max(4200/6,650,500) + 700 = 1400\text{mm}$$

上部加密区箍筋根数 $= 加密区长度/间距 + 1 = 1400/100 + 1 = 15根$

非加密区长度 $= 4200 - 1400 - 700 = 2100$ mm

非加密区箍筋根数 = 非加密区长度/间距 $- 1 = 2100/200 - 1 = 10$ 根

总根数 $= 15 + 15 + 10 = 40$ 根

【例3-9】 如图3-31、图3-32所示,混凝土等级C30,一级抗震,采用电渣压力焊连接,求中间层箍筋根数。

解: 箍筋根数按柱箍筋的加密区和非加密区分别计算。

下部加密区长度 $= \max(h_n/6, h_c, 500) = 650$ mm

下部加密区箍筋根数 = (加密区长度 $- 50$)/加密间距 $+ 1 = (650 - 50)/100 + 1 = 7$ 根

上部加密区长度 $= \max(h_n/6, h_c, 500) + $ 梁高 $= \max(3600/6, 650, 500) + 700$
$= 1350$ mm

上部加密区箍筋根数 = 加密区长度/间距 $= 1350/100 + 1 = 15$ 根

非加密区长度 $= 3600 - 650 - 650 = 2300$ mm

非加密区箍筋根数 = 非加密区长度/间距 $- 1 = 2300/200 - 1 = 11$ 根

总根数 $= 7 + 15 + 11 = 33$ 根

本章练习题(练习题答案请登录 www.11g101.com)

一、单选题

1. 柱的第一根箍筋距基础顶面的距离是( )。

A. 50mm

B. 100mm

C. 箍筋加密区间距

D. 箍筋加密区间距/2

2. 抗震中柱顶层节点构造,当不能直锚时需要伸到节点顶后弯折,其弯折长度为( )。

A. 15d

B. 12d

C. 150mm

D. 250mm

3. 当柱变截面需要设置插筋时,插筋应该从变截面处节点顶向下插入的长度为( )。

A. 1.6l_{aE}

B. 1.5l_{aE}

C. 1.2l_{aE}

D. 0.5l_{aE}

4. 抗震框架柱中间层柱根箍筋加密区范围是( )。

A. 500mm

B. 700mm

C. $h_n/3$

D. $h_n/6$

5. 梁上起柱时,在梁内设( )箍筋。

A. 两道   B. 三道

C. 一道   D. 四道

6. 梁上起柱时,柱纵筋从梁顶向下插入梁内长度不得小于(   )。

A. $1.6l_{aE}$ B. $1.5l_{aE}$

C. $1.2l_{aE}$ D. $0.5l_{aE}$

7. 柱箍筋在基础内设置不少于多少根,间距不大于多少?(   )

A. 2根,400mm   B. 2根,500mm

C. 3根,400mm   D. 3根,500mm

8. 下列关于首层 h_n 的取值说法正确的是(   )。

A. h_n 为首层净高

B. h_n 为首层高度

C. h_n 为嵌固部位至首层节点底的距离

D. 无地下室时, h_n 为基础顶面至首层节点底的距离

9. 当钢筋在混凝土施工过程中易受扰动时,其锚固长度应乘以的修正系数为(   )。

A. 1. 1   B. 1. 2

C. 1. 3   D. 1. 4

10. 在基础内的第一根柱箍筋到基础顶面的距离是(   )。

A. 50mm   B. 100mm

C. 3d(d 为箍筋直径)   D. 5d(d 为箍筋直径)

二、多选题

1. 柱箍筋加密范围包括(   )。

A. 节点范围   B. 底层刚性地面上下500mm

C. 基础顶面嵌固部位向上 h_n/3   D. 搭接范围

2. 柱在楼面处节点上下非连接区长度的判断条件是(   )。

A. 500mm   B. h_n/6

C. h_c(柱截面长边尺寸)   D. h_n/3

3. 下面有关柱顶层节点构造描述错误的是(   )。

A. 16G101-1 图集中有关边、角柱,顶层纵向钢筋构造给出 5 个节点

B. B 节点外侧钢筋伸入梁内的长度为 梁高 – 保护层厚度 + 柱宽 – 保护层厚度

C. B 节点内侧钢筋伸入梁内的长度为 梁高 – 保护层厚度 +15d

D. 中柱柱顶纵向钢筋直锚长度≥ l_{aE} 时可以直锚

4. 纵向受拉钢筋非抗震锚固长度任何情况下不得小于(   )。

A. 250mm   B. 350mm

C. 400mm   D. 200mm

5. 两个柱编成统一编号必须相同的条件是(   )。

    A. 柱的总高相同   B. 分段截面尺寸相同

    C. 截面和轴线的位置关系相同   D. 配筋相同

三、计算题

如图 3-34、图 3-35 所示,某大楼中间层净高 3600mm,梁高 700mm,三级抗震,混凝土等级 C25,柱保护层厚度 30mm,采用绑扎搭接,求中间层柱所有纵筋长度及箍筋长度和根数。

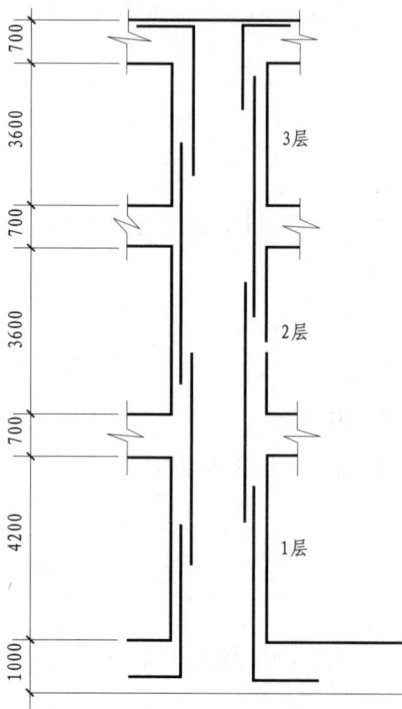

图 3-34　计算题图一(尺寸单位:mm)

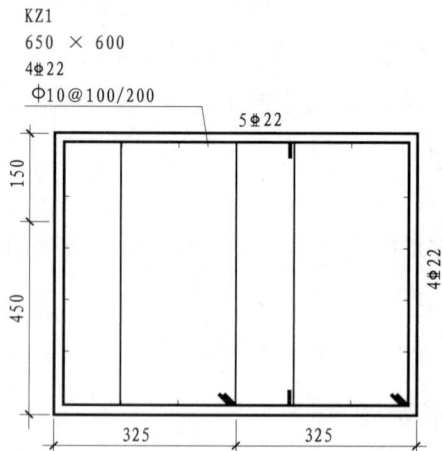

图 3-35　计算题图二(尺寸单位:mm)

柱变截面钢筋构造

第四章　剪力墙平法识图与钢筋长度计算

本章重点

本章重点讲剪力墙墙身、墙柱、墙梁的列表标注方式和截面标注方式,并对剪力墙的墙身水平筋、竖向筋、拉筋和连梁的纵筋、箍筋进行了三维构造展示,同时列出了墙身水平筋、竖向筋、拉筋和连梁纵筋、箍筋长度的计算公式。

教学目标

通过本章的学习,能帮助学生熟悉剪力墙的平法识图,能掌握剪力墙墙身、墙柱、墙梁施工图的制图规则和标注方式。学生通过三维视图能掌握剪力墙墙身和连梁钢筋的布置,并能理解记忆墙身水平筋、竖向筋、拉筋和连梁纵筋、箍筋的计算公式。通过实训案例和习题练习,学生能具备剪力墙的平法识图和钢筋长度计算实操能力。

建议学时

4 学时。

建议教学形式

配套使用 16G101-1 图集和本书所配钢筋平法多媒体教学系统课件、视频。

第一节　剪力墙列表标注方式

剪力墙是主要承受风荷载和地震作用所产生的水平剪力的墙体。剪力墙设计与框架柱及梁类构件设计有显著区别,柱、梁属于杆类构件,而剪力墙水平截面的长宽比相对杆类构件的高宽比要大得多。为了表达简便、清晰,平法将剪力墙分为剪力墙柱、剪力墙身和剪力墙梁三类构件分别表达。

剪力墙平法标注分为列表标注方式和截面标注方式两种。列表标注方式指分别在剪力墙柱表、剪力墙身表和剪力墙梁表中,对应于剪力墙平面布置图上的编号,用绘制截面配筋图并标注几何尺寸与配筋具体数值的方式,来表达剪力墙平法施工图。16G101-1 图集第 22 页给出的剪力墙列表标注方式如图 4-1 所示。

一、编号规定

将剪力墙按剪力墙柱、剪力墙身、剪力墙梁三类构件分别编号。

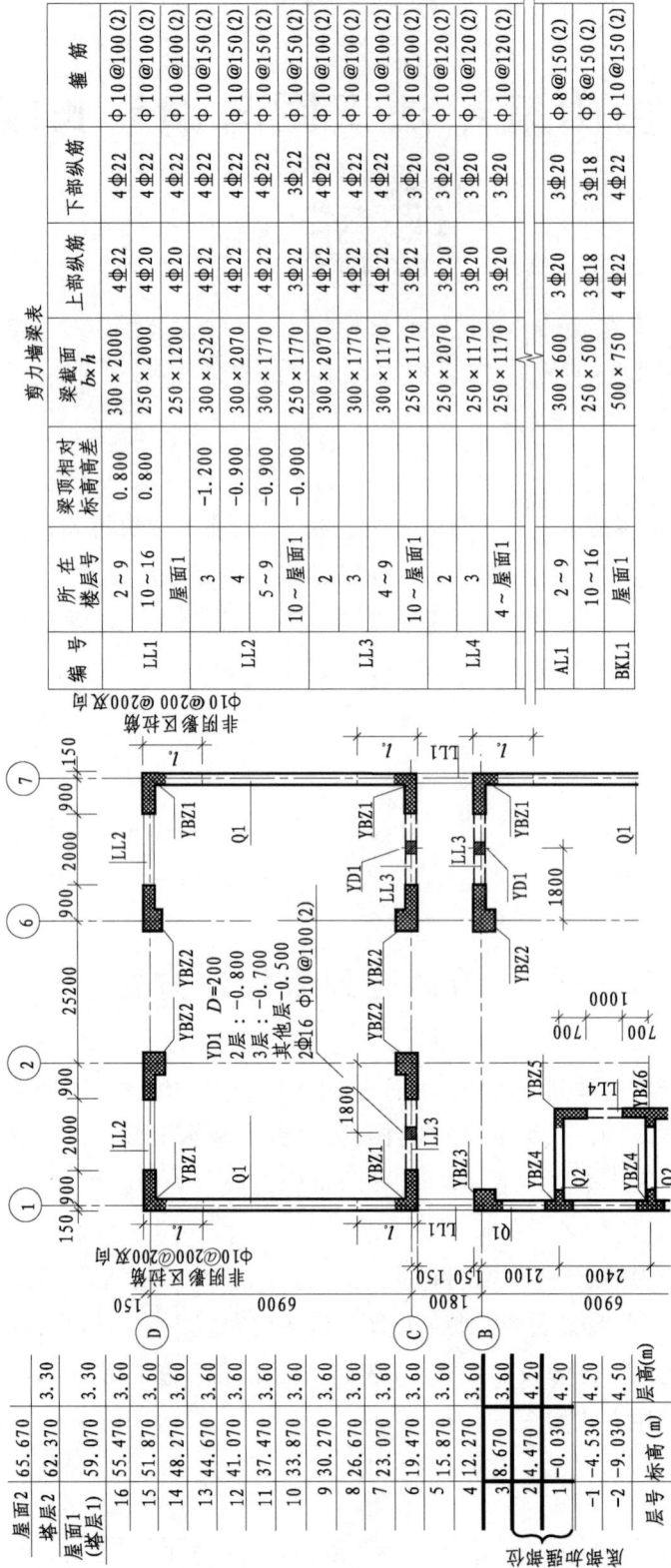

剪力墙梁表

编号	所在楼层号	梁顶相对标高高差	梁截面 b×h	上部纵筋	下部纵筋	箍筋
LL1	2~9	0.800	300×2000	4Φ22	4Φ22	Φ10@100(2)
	10~16	0.800	250×2000	4Φ20	4Φ22	Φ10@100(2)
	屋面1		250×1200	4Φ20	4Φ20	Φ10@100(2)
LL2	3	-1.200	300×2520	4Φ22	4Φ22	Φ10@150(2)
	4	-0.900	300×2070	4Φ22	4Φ22	Φ10@150(2)
	5~9	-0.900	300×1770	4Φ22	4Φ22	Φ10@150(2)
	10~屋面1	-0.900	250×1770	3Φ22	3Φ22	Φ10@150(2)
LL3	2		300×2070	4Φ22	4Φ22	Φ10@100(2)
	3		300×1770	4Φ22	4Φ22	Φ10@100(2)
	4~9		300×1170	4Φ22	4Φ22	Φ10@100(2)
	10~屋面1		250×2070	3Φ20	3Φ20	Φ10@120(2)
LL4	2		250×1170	3Φ20	3Φ20	Φ10@120(2)
	3		250×1170	3Φ20	3Φ20	Φ10@120(2)
	4~屋面1		250×1170	3Φ20	3Φ20	Φ10@120(2)
AL1	2~9		300×600	3Φ20	3Φ20	Φ8@150(2)
	10~16		250×500	3Φ18	3Φ18	Φ8@150(2)
BKL1	屋面1		500×750	4Φ22	4Φ22	Φ10@150(2)

图4-1 剪力墙列表标注方式示例(尺寸单位：mm)

层号	标高(m)	层高(m)
屋面2	65.670	3.30
塔层2	62.370	3.30
16	59.070	3.60
15	55.470	3.60
14	51.870	3.60
13	48.270	3.60
12	44.670	3.60
11	41.070	3.60
10	37.470	3.60
9	33.870	3.60
8	30.270	3.60
7	26.670	3.60
6	23.070	3.60
5	19.470	3.60
4	15.870	3.60
3	12.270	3.60
2	8.670	4.20
1	4.470	4.50
-1	-0.030	4.50
-2	-4.530	4.50
	-9.030	

屋面1(塔层1)

YBZ1 Q1 LL2 LL1 LL3 YD1 Q2 YBZ2 YBZ3 YBZ4 YBZ5 YBZ6 LL4

YBZ2 D=200
YD1
2层：-0.800
3层：-0.700
其他层 Φ10@100(2)
2Φ16 Φ10@100(2)

Φ10@200 @200双层双向 非竖向约束区拉筋

66

1. 墙柱编号

墙柱编号由墙柱类型代号和序号组成,规定见表4-1。

墙 柱 编 号 表　　　　　　　　　　　　　　　　表4-1

墙 柱 类 型	代　　号	序　　号
约束边缘构件	YBZ	××
构造边缘构件	GBZ	××
非边缘暗柱	AZ	××
扶壁柱	FBZ	××

约束边缘构件包括约束边缘暗柱、约束边缘端柱、约束边缘翼墙、约束边缘转角墙四种。构造边缘构件包括构造边缘暗柱、构造边缘端柱、构造边缘翼墙、构造边缘转角墙四种。墙柱类型图示请参照16G101-1图集的第13、14页。

2. 墙身编号

墙身编号表达形式为:Q××(×排),剪力墙身表由墙身代号、序号以及墙身所配置的水平与竖向分布钢筋的排数组成,其中排数标注在括号内,表达形式见表4-2。

剪 力 墙 身 表　　　　　　　　　　　　　　　　表4-2

编　号	标高(m)	墙厚(mm)	水平分布筋	竖向分布筋	拉　筋	备　注
Q1(两排)	-0.110~12.260	300	⊉12@250	⊉12@250	φ6@500	约束边缘构件范围
Q2(两排)	12.260~49.860	250	⊉10@250	⊉10@250	φ6@500	

在平法图集中对墙身编号有以下规定:

(1)如若干墙柱的截面尺寸与配筋均相同,仅截面与轴线的关系不同时,可将其编为同一墙柱号;又如若干墙身的厚度尺寸和配筋均相同,仅墙厚与轴线的关系不同或墙身长度不同时,也可将其编为同一墙身号,但应在图中注明与轴线的几何关系。

(2)当墙身所设置的水平与竖向分布钢筋的排数为2时可不注。

(3)对于分布钢筋网的排数规定:

当剪力墙厚度不大于400mm,应配置双排;当剪力墙厚度大于400mm,但不大于700mm时,宜配置三排;当剪力墙厚度大于700mm时,宜配置四排。

各排水平分布钢筋和竖向分布钢筋的直径与间距宜保持一致。

(4)当剪力墙配置的分布钢筋多于两排时,剪力墙拉筋两端应同时钩住外排水平纵筋和竖向纵筋,还应与剪力墙内排水平纵筋和竖向纵筋绑扎在一起。

3. 墙梁编号

墙梁编号由墙梁类型代号和序号组成,表达形式规定见表4-3。

注意实际工程中,当某些墙身需设置暗梁或边框梁时,会在剪力墙平法施工图中绘制暗梁或边框梁的平面布置图并编号,以明确其具体位置。

墙 梁 编 号   表 4-3

墙 梁 类 型	代 号	序 号
连梁	LL	××
连梁(对角暗撑配筋)	LL(JC)	××
连梁(交叉斜筋配筋)	LL(JX)	××
连梁(集中对角斜筋配筋)	LL(DX)	××
连梁(跨高比不小于5)	LLk	××
暗梁	AL	××
边框梁	BKL	××

二、剪力墙柱表中的标注内容

(1)标注墙柱编号,绘制该墙柱的截面配筋图,标注墙柱几何尺寸。

(2)标注各段墙柱的起止标高,自墙柱根部往上以变截面位置或截面未变但配筋改变处为界分段标注。墙柱根部标高一般指基础顶面标高(部分框支剪力墙结构则为框支梁顶面标高)。

(3)标注各段墙柱的纵向钢筋和箍筋,标注值应与表中绘制的截面配筋图对应一致。纵向钢筋注总配筋值;墙柱箍筋的标注方式与柱箍筋相同。约束边缘构件除标注阴影部位的箍筋外,还要在剪力墙平面布置图中标注非阴影区内布置的拉筋或箍筋。

图 4-2 为 16G101-1 图集第 23 页给出剪力墙柱列表注写示意图。

三、剪力墙身表(表 4-4)中的标注内容

剪 力 墙 身 表   表 4-4

编 号	标高(m)	墙厚(m)	水平分布筋	垂直分布筋	拉筋(双向)
Q1	−0.050~30.270	300	Φ10@200	Φ10@200	φ6@600@600
	30.270~59.070	250	Φ10@200	Φ10@200	φ6@600@600
Q2	−0.050~30.270	250	Φ10@200	Φ10@200	φ6@600@600
	30.270~59.070	200	Φ10@200	Φ10@200	φ6@600@600
Q3	−0.050~30.270	250	Φ10@200	Φ10@200	φ6@600@600
	30.270~59.070	200	Φ10@200	Φ10@200	φ6@600@600

(1)标注墙身编号(含水平与竖向钢筋的排数)。

(2)标注各段墙身起止标高,自墙身根部往上以变截面位置或截面未变但配筋改变处为界分段标注。墙身根部标高一般指基础顶面标高(部分框支剪力墙结构则为框支梁的顶面标高)。

(3)标注水平分布钢筋、竖向分布钢筋和拉筋的具体数值。标注数值为一排水平分布钢筋和竖向分布钢筋的规格与间距,具体设置几排已经在墙身编号后面表达。

68

剪力墙柱表

截面	编号	标高	纵筋	箍筋
(YBZ1 L形)	YBZ1	-0.030~12.270	24Φ20	Φ10@100
(YBZ2 L形)	YBZ2	-0.030~12.270	24Φ20	Φ10@100
(YBZ3 L形)	YBZ3	-0.030~12.270	18Φ20	Φ10@100
(YBZ4 T形)	YBZ4	-0.030~12.270	20Φ20	Φ10@100

截面	编号	标高	纵筋	箍筋
(YBZ5 L形)	YBZ5	-0.030~12.270	20Φ20	Φ10@100
(YBZ6 T形)	YBZ6	-0.030~12.270	23Φ20	Φ10@100
(YBZ7 L形)	YBZ7	-0.030~12.270	16Φ20	Φ10@100

-0.30~12.270剪力墙平法施工图(部分剪力墙柱表)

图4-2　剪力墙柱表示例(尺寸单位:mm)

层号	标高(m)	层高(m)
屋面2	65.670	
塔层2	62.370	3.30
屋面1(塔层1)	59.070	3.30
16	55.470	3.60
15	51.870	3.60
14	48.270	3.60
13	44.670	3.60
12	41.670	3.60
11	37.470	3.60
10	33.870	3.60
9	30.270	3.60
8	26.670	3.60
7	23.070	3.60
6	19.470	3.60
5	15.870	3.60
4	12.270	3.60
3	8.670	3.60
2	4.430	4.20
1	-0.030	4.50
-1	-4.530	4.50
-2	-9.030	4.50

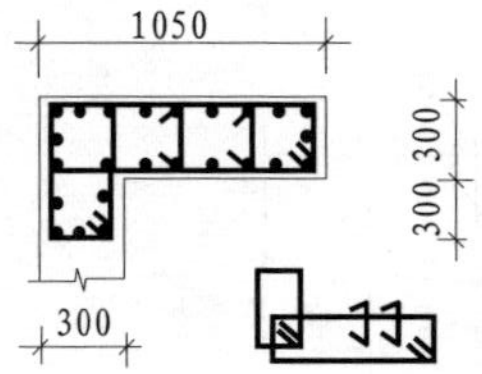

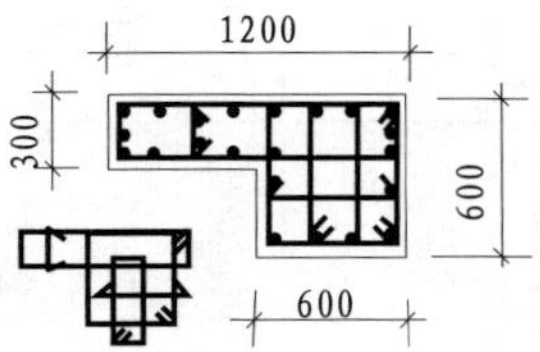

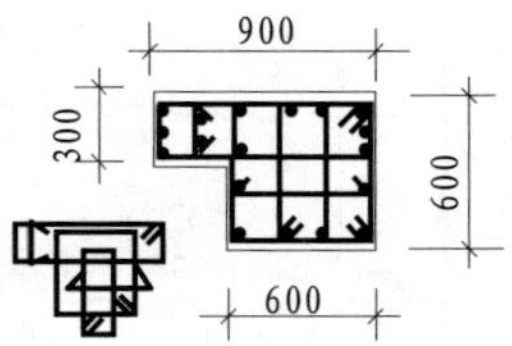

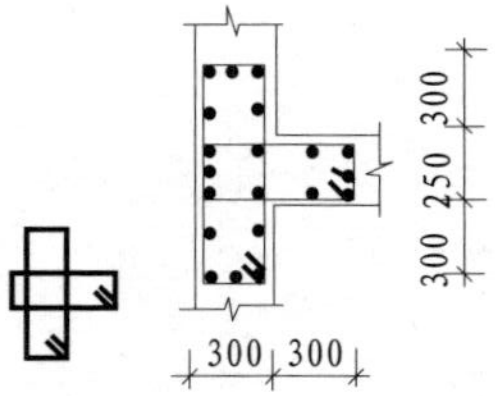

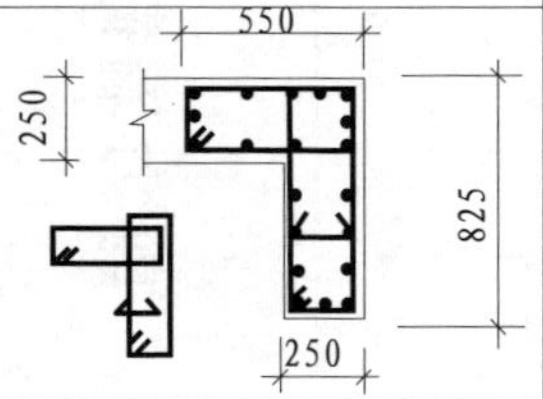

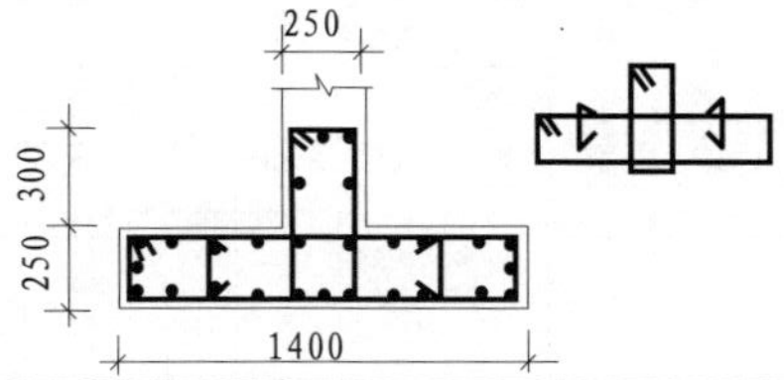

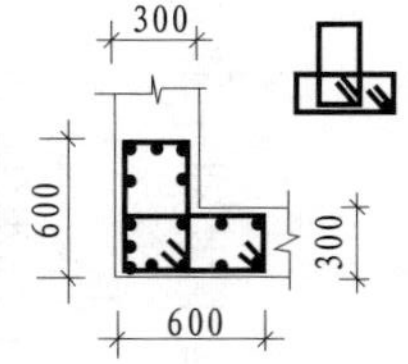

结构层楼面标高
结构层高

上部结构嵌固结构:
-0.030

四、剪力墙梁表(表4-5)中的标注内容

(1)标注墙梁编号。

(2)标注墙梁所在楼层号。

(3)标注墙梁顶面标高高差,系指相对于墙梁所在结构层楼面标高的高差值。高于者为正值,低于者为负值,当无高差时不注。

(4)标注墙梁截面尺寸 $b \times h$、上部纵筋、下部纵筋和箍筋的具体数值。

剪 力 墙 梁 表　　　　　　　　　　　　　　　　表4-5

编　号	所在楼层号	梁顶相对标高高差(m)	梁截面 $b \times h$	上部纵筋	下部纵筋	箍　　筋
LL1	3~9	0.800	350×2000	4 Φ 22	4 Φ 22	Φ 10@100(2)
	10~16	0.800	350×2000	4 Φ 20	4 Φ 20	Φ 10@100(2)
	屋面1		250×1200	4 Φ 20	4 Φ 20	Φ 10@100(2)
LL2	3	−1.200	300×2520	4 Φ 22	4 Φ 22	Φ 10@100(2)
	4	−0.900	300×2070	4 Φ 22	4 Φ 22	Φ 10@100(2)
	5~9	−0.900	300×1770	4 Φ 22	4 Φ 22	Φ 10@100(2)
	10~屋面1	−0.900	300×1770	3 Φ 22	3 Φ 22	Φ 10@100(2)
LL3	3		300×2520	4 Φ 22	4 Φ 22	Φ 10@100(2)
	4		300×2070	4 Φ 22	4 Φ 22	Φ 10@100(2)
	5~9		300×1770	4 Φ 22	4 Φ 22	Φ 10@100(2)
	10~屋面1		250×1770	3 Φ 22	3 Φ 22	Φ 10@100(2)

第二节　剪力墙截面标注方式

　　截面标注方式是指在分标准层绘制的剪力墙平面布置图上,以直接在墙柱、墙身、墙梁上标注截面尺寸和配筋具体数值的方式来表达剪力墙平法施工图。选用适当比例原位放大绘制剪力墙平面布置图,直接绘制墙柱配筋截面图;首先对所有墙柱、墙身、墙梁分别进行编号,再在相同编号的墙柱、墙身、墙梁中选择一根墙柱、一道墙身、一根墙梁进行标注。16G101-1 图集第 24 页给出了剪力墙截面标注方式示例,如图4-3所示。

　　在 16G101-1 图集中对截面标注方式有以下规定:

　　(1)当连梁设有对角暗撑时[代号为 LL(JC)××],标注暗撑的截面尺寸(箍筋外皮尺寸);标注一根暗撑的全部纵筋,标注 ×2 表明有两根暗撑相互交叉。

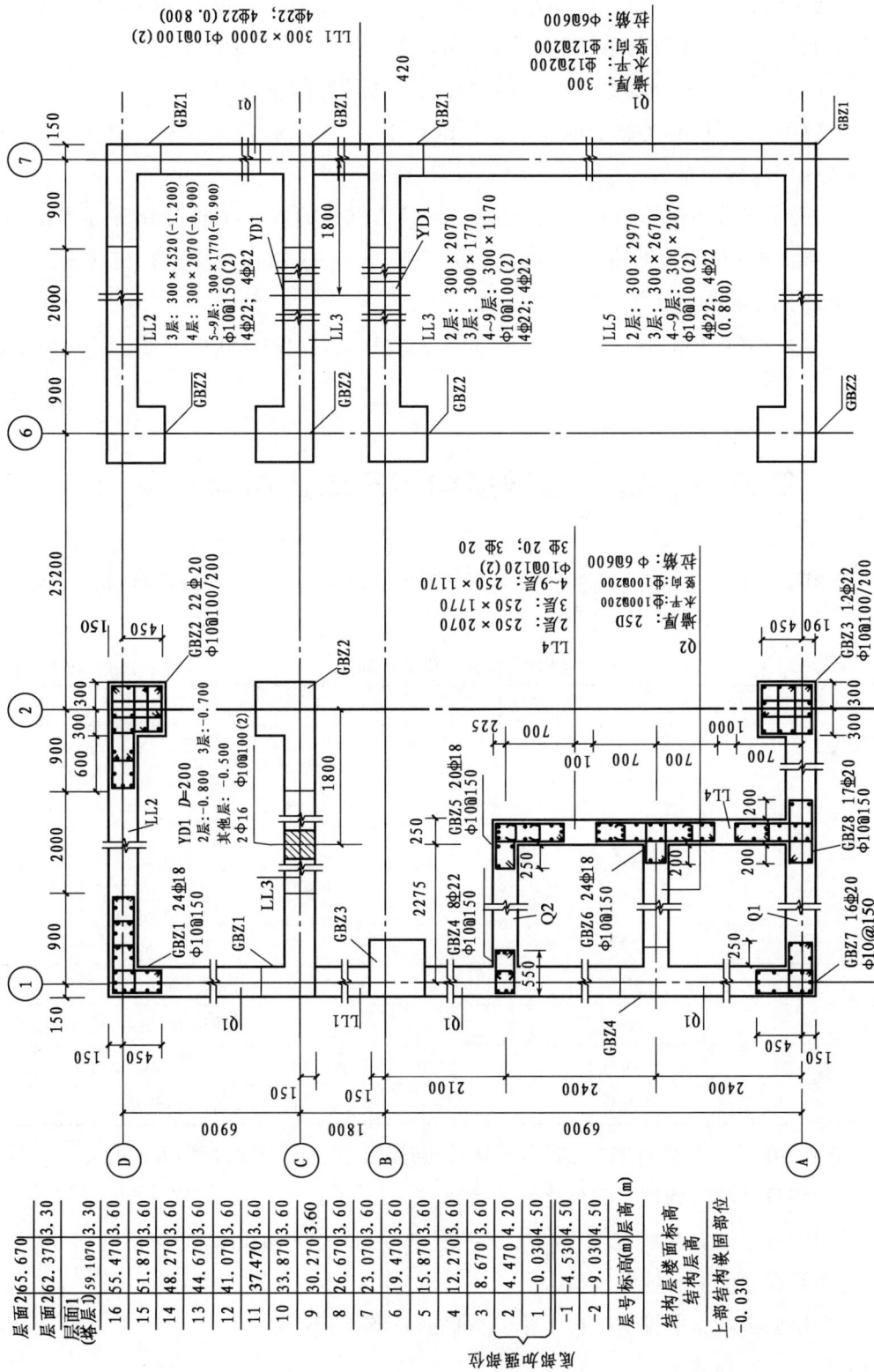

图4-3　剪力墙界面标注示例（尺寸单位：mm）

(2)当连梁设有交叉斜筋时[代号为LL(JX)××],标注连梁一侧对角斜筋的配筋值,标注×2表明对称设置;标注对角斜筋在连梁端部设置的拉筋根数、规格及直径,标注×4表示四个角都设置;标注连梁一侧折线筋配筋值,标注×2表明对称设置。

(3)当连梁设有集中对角斜筋时[代号为LL(DX)××],标注一条对角线上的对角斜筋,标注×2表明对称设置。

(4)当墙身水平分布钢筋不能满足连梁、暗梁及边框梁的侧面纵向构造钢筋要求时,应补充注明梁侧面纵筋的具体数值;标注时,以大写字母N打头,接续标注直径与间距,其在支座内的锚固要求同连梁中受力钢筋。

【例4-1】NΦ10@150,表示墙梁两个侧面纵筋对称配置HRB400级钢筋,直径10mm,间距为150mm。

第三节　剪力墙钢筋构造三维图解与计算

剪力墙根据剪力墙身、剪力墙柱、剪力墙梁所在位置及功能不同,需要计算的主要钢筋见表4-6。

剪力墙需要计算的钢筋　　　　　　　　　　　　　　　表4-6

钢筋位置	钢　筋　名　称	
剪力墙身	水平筋	外侧筋
		内侧筋
	竖向筋	基础层插筋
		中间层竖向筋
		顶层钢筋
	拉筋	拉筋
剪力墙梁	暗梁	纵筋　箍筋
	连梁	纵筋　箍筋
剪力墙柱	暗柱	纵筋　箍筋
	端柱	纵筋　箍筋

在框架结构的钢筋长度计算中,剪力墙是较难计算的构件,需要注意以下几点:

(1)剪力墙身、墙梁、墙柱及洞口之间的关系。

(2)剪力墙在平面上有直角、丁字角、十字角、斜交角等各种转角形式。

(3)剪力墙在立面上有各种洞口。

(4)墙身钢筋可能有单排、双排、多排,且可能每排钢筋不同。

(5)墙柱有各种箍筋组合。

(6)连梁要区分顶层与中间层,依据洞口的位置不同,计算方法也不同。

视频讲解

剪力墙钢筋构造

一、剪力墙身钢筋计算

剪力墙身钢筋包括水平筋、竖向筋、拉筋和洞口加强筋,如图4-4所示。

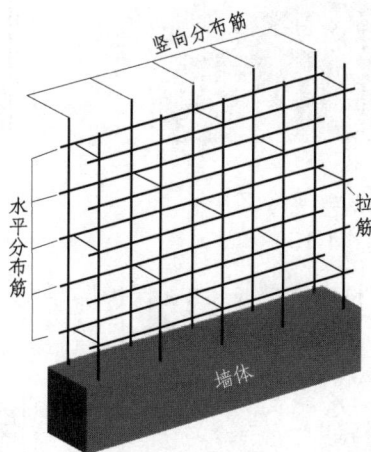

图4-4 剪力墙身钢筋布置示意图

1.墙身水平钢筋长度计算(请参考16G101-1图集第71、72页)

(1)墙端为暗柱,外侧钢筋连续通过时(图4-5,图4-6):

外侧钢筋长度 = 墙长 − 2 × 保护层厚度(当不能满足通常要求时,须搭接 $1.2l_{aE}$)

内侧钢筋长度 = 墙长 − 2 × 保护层厚度 + 15d × 2

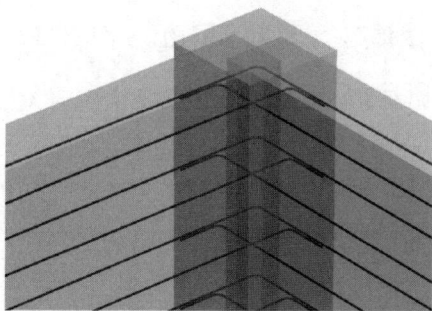

图4-5 墙端为暗柱时钢筋构造示意图(一)

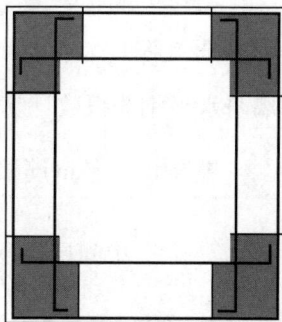

图4-6 墙端为暗柱时(一)

(2)墙端为暗柱,外侧钢筋不连续通过时(图4-7,图4-8):

外侧钢筋长度 = 墙长 − 2 × 保护层厚度 + $0.8l_{aE}(0.8l_a)$ × 2

内侧钢筋长度 = 墙长 − 2 × 保护层厚度 + 15d × 2

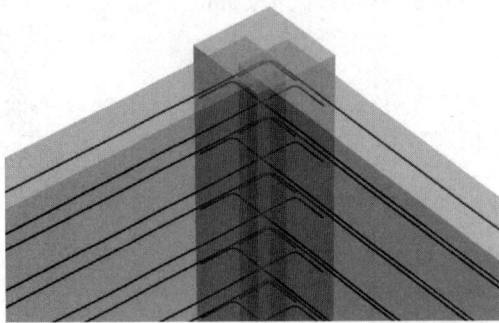

图 4-7 墙端为暗柱时钢筋构造示意图(二)

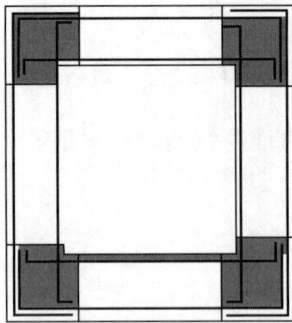

图 4-8 墙端为暗柱时(二)

(3)墙端为端柱时(图 4-9,图 4-10):

$$外侧钢筋长度 = 墙长 - 2 \times 保护层厚度 + 15d \times 2$$

$$内侧钢筋长度 = 墙长 - 2 \times 保护层厚度 + 15d \times 2$$

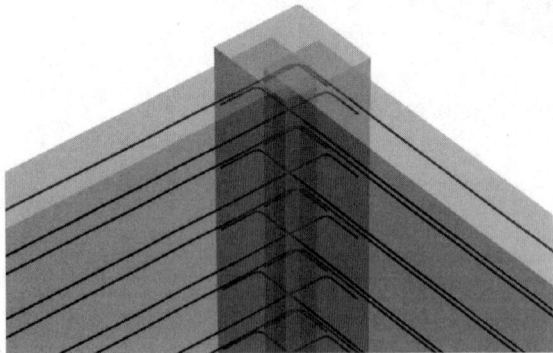

图 4-9 墙端为端柱时钢筋构造

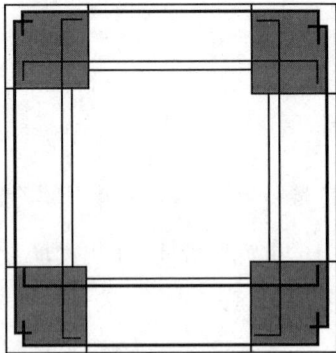

图 4-10 墙端为端柱时

2. 墙身水平钢筋根数计算(请参考 16G101-1 图集第 71 页和 16G101-3 图集第 64 页)

剪力墙身水平钢筋根数计算示意,如图 4-11 所示。

$$基础层水平钢筋根数 = \frac{(基础高度 - 基础保护层厚度 - 100)}{500} + 1$$

$$中间层及顶层水平长度钢筋根数 = \frac{层高 - 100}{间距} + 1$$

3. 墙身竖向钢筋计算(请参考 16G101-1 图集第 71 页和 16G101-3 图集第 64 页)

(1)墙基础插筋(图 4-12)长度计算

①当 h_j(基础底面至基础顶面高度) $> l_{aE}(l_a)$ 时(图 4-13):

基础插筋长度 = 弯折长度 $6d + h_j$ - 保护层厚度 - 底层钢筋直径 + 搭接长度 $1.2l_{aE}$

②当 $h_j \leqslant l_{aE}(l_a)$ 时:

基础插筋长度 = 弯折长度 $15d + h_j$ - 保护层厚度 - 底层钢筋直径 + 搭接长度 $1.2l_{aE}$

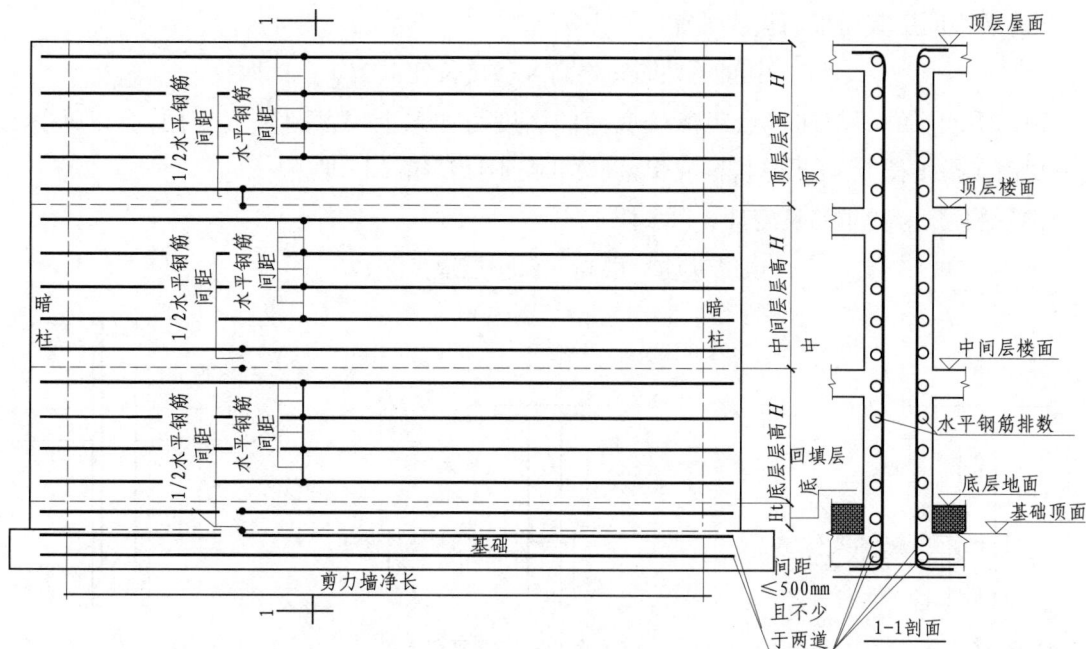

图 4-11 剪力墙身水平钢筋根数计算示意图

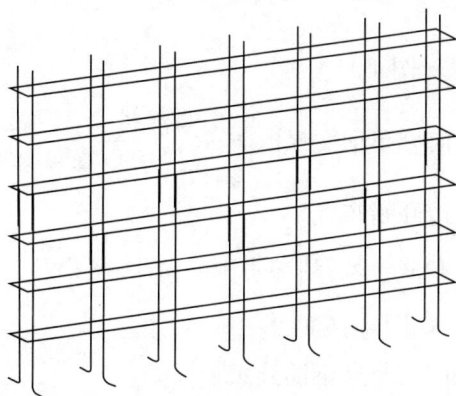

图 4-12 基础插筋示意图

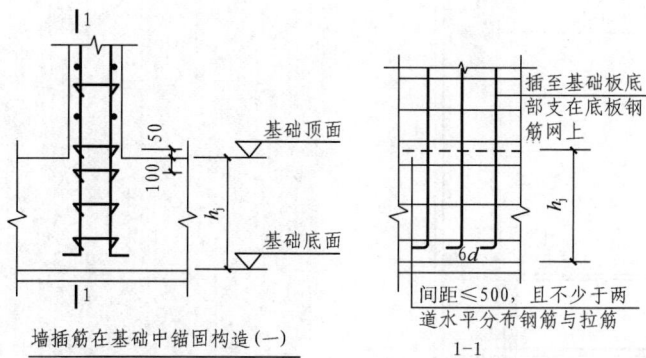

墙插筋在基础中锚固构造（一）
墙插筋保护层厚度>5d

间距≤500，且不少于两
道水平分布钢筋与拉筋

1—1

图 4-13 墙插筋在基础中构造示意图(尺寸单位:mm)

（2）墙中间层竖向钢筋长度计算

$$中间层纵筋 = 层高 + 搭接长度 1.2 l_{aE}$$

由于中间层的下部连接点距离楼底面的高度与伸入上层预留长度相同,所以计算长度 = 层高 + 搭接长度,如果是机械或焊接连接时,不计算搭接长度。

（3）墙顶层竖向钢筋长度计算（图4-14）

$$顶层纵筋 = 层高 - 保护层厚度 + 12d$$

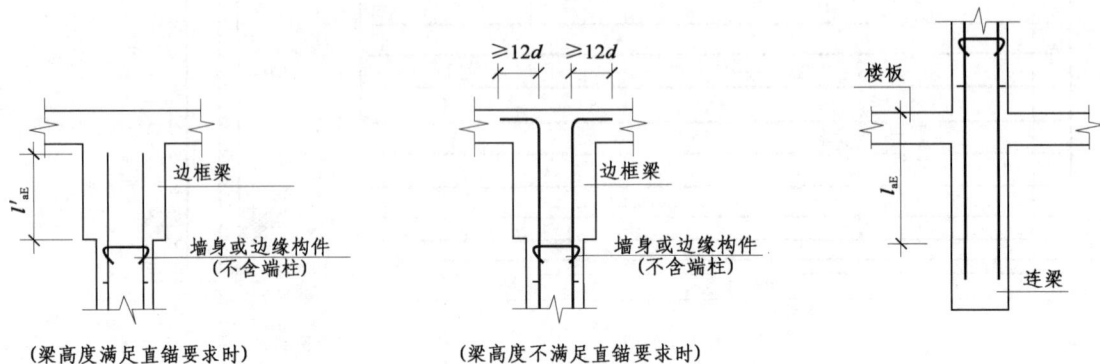

图4-14　墙顶层竖向钢筋构造图

（4）墙竖向钢筋根数计算（图4-15）

$$墙身竖向分布钢筋根数 = \frac{墙身净长 - 2 \times 竖向间距}{竖向布置间距} + 1$$

墙身竖筋从暗柱或端柱边开始布置。

4.墙身变截面处竖向分布筋计算（请参考16G101-1图集第74页）

剪力墙设截面钢筋布置,如图4-16所示。

当变截面差值 $\Delta \leqslant 30mm$ 时,竖向钢筋连续通过。

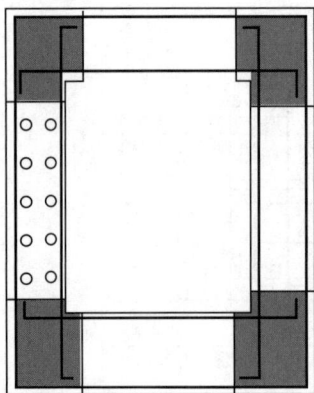

图4-15　墙竖向钢筋根数示意图　　图4-16　剪力墙变截面钢筋布置示意图

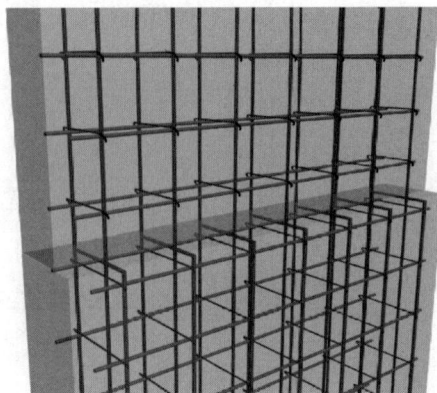

当变截面差值 $\Delta > 30mm$ 时,下部钢筋伸至板顶向内弯折 $12d$,上部钢筋伸入下部墙内 $1.2l_{aE}(l_a)$。

当剪力墙为一面存在变截面差值时,另一面可连续通过。

5. 墙身拉筋的计算(请参考 16G101-1 图集第 73 页)

剪力墙拉筋布置,如图 4-17 所示。

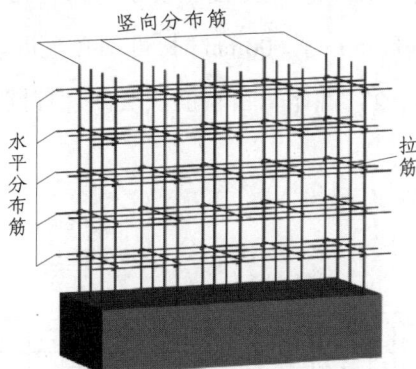

图 4-17 剪力墙拉筋布置示意图

$$单个拉钩长度 = 墙宽 - 2 \times 保护层厚度 + 2 \times 1.9d + \max(10d, 75) \times 2$$

$$拉筋根数 = 墙净面积/拉筋布置面积$$

$$拉筋布置面积 = 拉筋水平间距 \times 竖向间距$$

墙净面积要扣除暗(端)柱、暗(连)梁及洞口面积。

二、剪力墙梁钢筋计算(请参考 16G101-1 图集第 78 页)

在框架剪力墙结构中,连接墙肢与墙肢、墙肢与柱的梁称为连梁,如图 4-18 所示。连梁通常以暗柱或端柱为支座。计算连梁钢筋时要区分顶层与中间层,依据洞口的位置不同还有不同的计算方法。

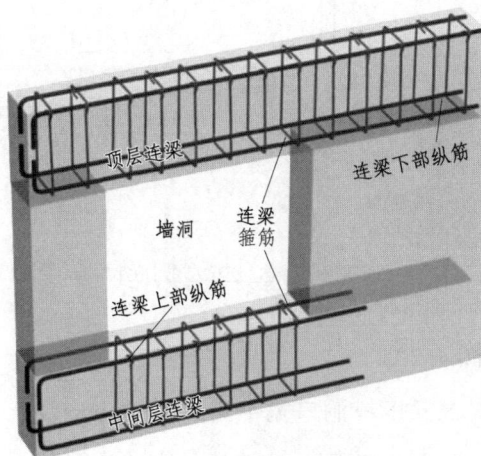

图 4-18 连梁钢筋构造示意图

1. 中间层连梁钢筋计算

(1)墙端部洞口连梁(图 4-19)

连梁纵筋长度 = 洞口宽 + 墙端支座锚固长度 + 中间支座锚固长度$[\max(l_{aE}, 600)]$

当端部墙肢较短时:

端部锚入长度 = 墙厚 − 墙保护层厚度 − 墙水平筋直径 − 竖向筋直径 + 15d

当端部直锚长度 ≥ $l_{aE}(l_a)$ 且不小于 600mm 时,可不必弯折。

箍筋根数 = (洞口宽 − 50×2)/间距 + 1,箍筋长度的计算同一般梁。

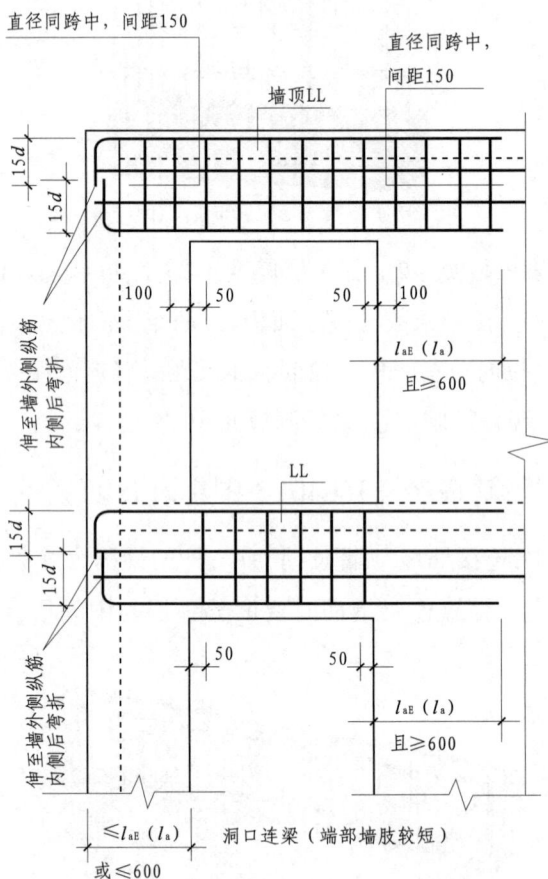

图 4-19　墙端部洞口连梁(尺寸单位:mm)

(2)墙中部洞口连梁(图 4-20)

中间支座纵筋长度 = 洞口宽 + 锚固长度$[\max(l_{aE}, 600)]$ × 2

箍筋根数 = (洞口宽 − 50×2)/间距 + 1,箍筋长度的计算同一般梁。

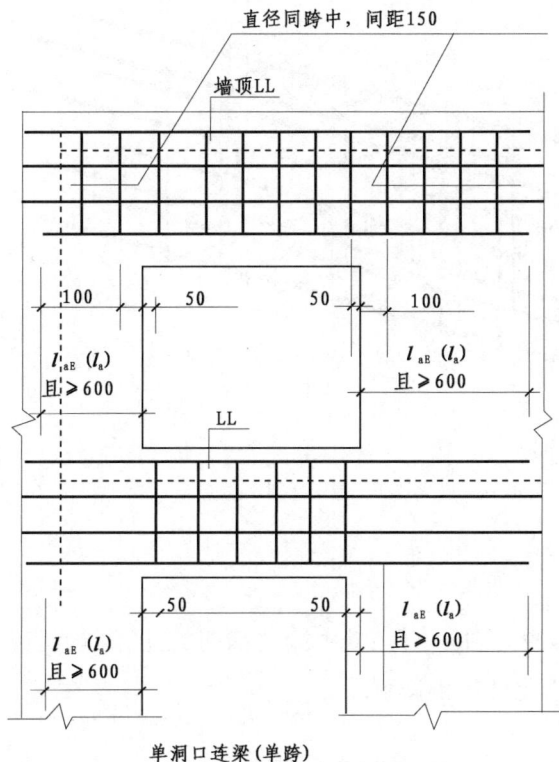

图 4-20　墙中部洞口连梁(尺寸单位:mm)

2.顶层连梁钢筋计算

纵筋长度计算同中间层连梁,箍筋长度计算同一般梁。

$$箍筋根数 = (洞口宽 - 50 \times 2)/间距 + 1 + (伸入端墙内平直长度 - 100)/150 + 1 +$$
$$(锚入墙内长度 - 100)/150 + 1$$

$$锚固长度 = \max(l_{aE}, 600)$$

3.连梁拉筋的计算

(1)当设计上没有标注连梁侧面构造筋时,墙体水平分布筋作为梁侧面构造筋在连梁范围内拉通连续布置,如图 4-21 所示。

(2)拉筋布置原则为:梁宽≤350mm 时,直径为 6mm;梁宽 >350mm 时,直径为 8mm,拉筋间距为两倍箍筋间距,竖向沿侧面水平钢筋隔一拉一布置。

(3)连梁拉筋根数计算:

$$拉筋总根数 = 布置拉筋排数 \times 每排根数$$
$$布置拉筋排数 = [(连梁高 - 2 \times 保护层厚度)/水平筋间距 + 1]/2$$
$$每排根数 = (连梁净跨 - 50 \times 2)/连梁拉筋间距 + 1$$

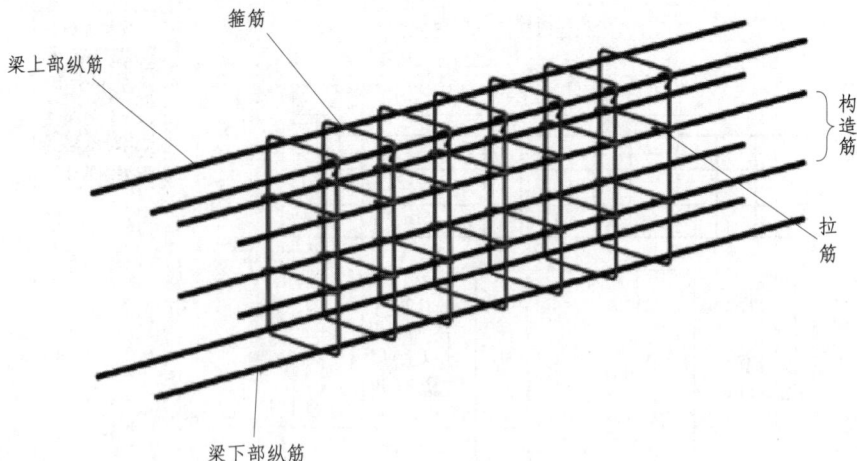

图 4-21 连梁拉筋构造示意图

三、剪力墙柱钢筋计算

剪力墙柱分端柱和暗柱(图 4-22 ~ 图 4-24),其中端柱钢筋的计算同第三章框架柱的计算,暗柱纵筋的计算同墙身竖向筋,此处不再详解。

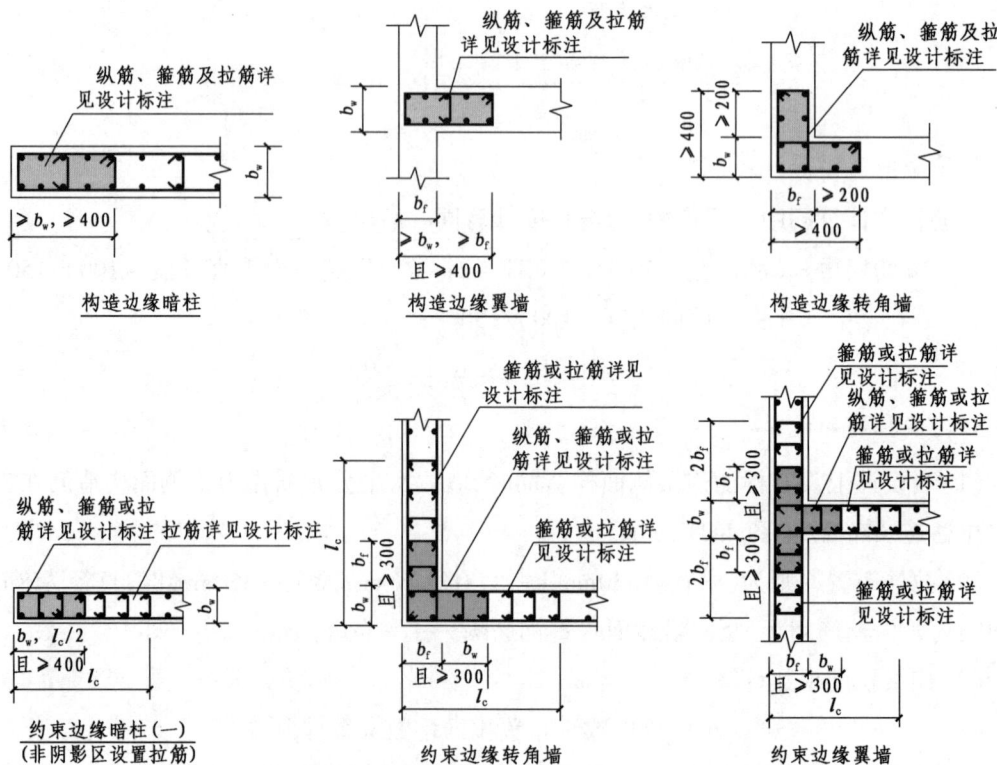

图 4-22 剪力墙柱构造示意图(尺寸单位:mm)

图 4-23　L 形暗柱钢筋构造图

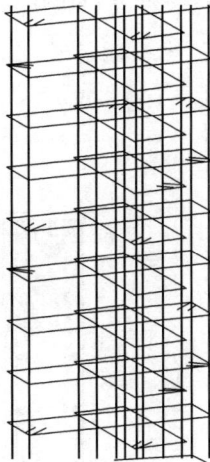

图 4-24　T 形暗柱钢筋构造图

第四节　剪力墙钢筋计算工程案例实训

【例 4-2】 如图 4-25 所示,剪力墙水平钢筋为直径 12mm 的 HRB400 钢筋,两排,混凝土强度等级 C30,一级抗震,环境类别为一类,求水平钢筋长度。

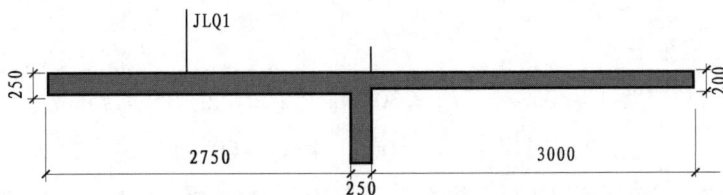

图 4-25　工程案例(一)(尺寸单位:mm)

解: 查 16G101-1 图集 58 页表,得 $l_{aE} = 40d = 42 \times 12 = 480$mm。

外层水平钢筋长度 = 剪力墙长 − 保护层厚度 × 2 + 10d × 2 = 3000 + 3000 − 15 × 2 + 10 ×

$$12 \times 2 = 6210\text{mm}$$

内层水平钢筋长度 = 3000 − 保护层厚度 × 2 + 10d + 15d + 3000 − 保护层厚度 + 10d + 1.2l_{aE}

$$= 3000 − 15 \times 2 + 10 \times 12 + 15 \times 12 + 3000 − 15 + 10 \times 12 + 1.2 \times 480$$

$$= 6951\text{mm}$$

【例 4-3】 如图 4-26 所示,混凝土强度等级 C30,一级抗震,层高 3m,采用绑扎搭接,水平钢筋和竖向钢筋分别为 2Φ14@200,求水平钢筋、竖向钢筋(中间层)的长度及根数。

解:(1)计算水平钢筋长度

查 16G101-1 图集 58 页表,得 $l_{aE} = 33d = 33 \times 14 = 462$mm。

1 号水平钢筋长度 $= (5000 + 500 + 500 - 2 \times 15) \times 4 + 1.2 l_{aE} \times 2 \times 4 = 28315.2 mm$

2 号(内侧筋)水平钢筋长度 $= 5000 + 500 + 500 - 2 \times 15 + 15 \times 14 \times 2 = 6390 mm$

根数 $= ($ 层高 $- 100) /$ 间距 $+ 1 = (3000 - 100) / 200 + 1 = 16$ 根

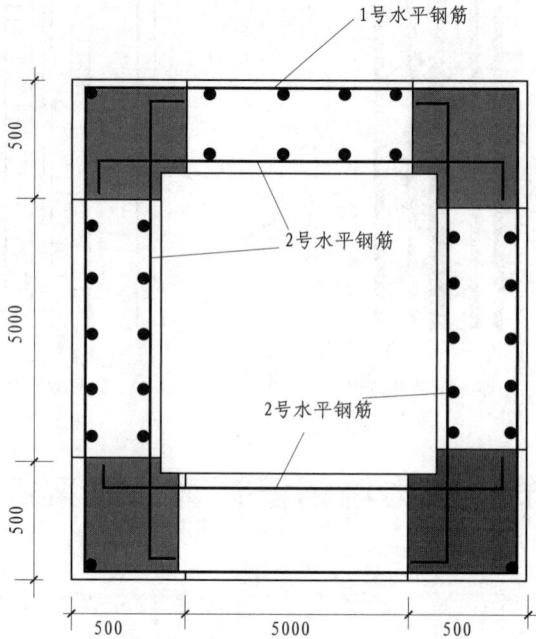

图 4-26 工程案例(二)(尺寸单位:mm)

(2)计算垂直钢筋长度

中间层垂直钢筋长度 $=$ 层高 $+ 1.2 l_{aE} = 3000 + 1.2 \times 462 = 3554.4 mm$

根数 $= ($ 净长 $-$ 间距 $\times 2) /$ 间距 $+ 1 = (5000 - 400) / 200 + 1 = 24$ 根

【例 4-4】 如图 4-27 所示,混凝土强度等级 C30,一级抗震,剪力墙竖向钢筋为直径 12mm 的 HRB400 钢筋,环境类别为一类,柱顶为中柱,求竖向钢筋长度。

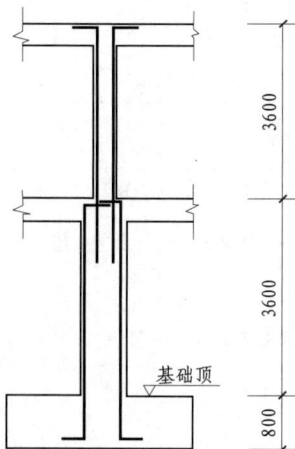

图 4-27 工程案例(三)
(尺寸单位:mm)

解:查 16G101-1 图集 58 页表,得 $l_{aE} = 40d = 40 \times 12 = 480 mm <$ 基础厚度。

基础插筋长度 $= 6d +$ 基础厚度 $- 40 + 1.2 l_{aE} = 6 \times 12 + 800 - 40 + 1.2 \times 480 = 1408 mm$

一层竖向钢筋长度 $=$ 层高 $-$ 保护层厚度 $+ 12d = 3600 - 15 + 12 \times 12 = 3729 mm$

顶层竖向钢筋长度 $=$ 层高 $-$ 保护层厚度 $+ 1.2 l_{aE} + 12d$
$= 3600 - 15 + 1.2 \times 480 + 12 \times 12$
$= 4305 mm$

【例 4-5】 如图 4-28 所示,中间层连梁,混凝土等级 C30,一级抗震,环境类别为一类,求连梁内钢筋长度。

解:查 16G101-1 图集 58 页表,得 $l_{aE} = 40d = 40 \times 20 = 800mm$。

上部纵筋长度 = 洞口宽 + $\max(600, l_{aE}) \times 2 = 3000 + \max(600, 800) \times 2 = 4600mm$

下部纵筋长度 = 洞口宽 + $\max(600, l_{aE}) \times 2 = 3000 + \max(600, 800) \times 2 = 4600mm$

箍筋长度 = 周长 − 保护层厚度 × 8 + 1.9d × 2 + $\max(10d, 75) \times 2 = (300 + 500) \times 2 -$

$8 \times 15 + 1.9 \times 10 \times 2 + 10 \times 10 \times 2 = 1718mm$

箍筋根数 = (洞口宽 − 50 × 2)/200 + 1 = (3000 − 100)/200 + 1 = 16 根

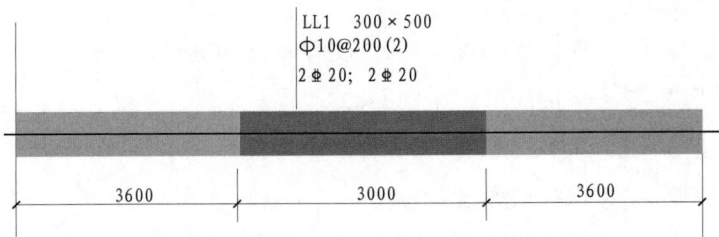

图 4-28　工程案例(四)(尺寸单位:mm)

本章练习题(练习题答案请登录 www.11g101.com)

一、单选题

1. 墙中间单洞口连梁锚固值为 l_{aE} 且不小于(　　　)。

   A. 500mm   B. 600mm

   C. 750mm   D. 800mm

2. 剪力墙端部为暗柱时,内侧钢筋伸至墙边弯折长度为(　　　)。

   A. 10d B. 12d

   C. 150mm   D. 250mm

3. 下列关于地下室外墙说法错误的是(　　　)。

   A. 地下室外墙的代号是 DWQ   B. h 表示地下室外墙的厚度

   C. OS 表示外墙外侧贯通筋   D. IS 表示外墙内侧贯通筋

4. 剪力墙竖向钢筋距暗柱边(　　　)排放第一根剪力墙竖向钢筋。

   A. 50mm   B. 1/2 竖向分布钢筋间距

   C. 竖向分布钢筋间距   D. 150mm

5. 墙身第一根水平分布筋距基础顶面的距离是(　　　)。

   A. 50mm   B. 100mm

C. 墙身水平分布筋间距   D. 墙身水平分布筋间距/2

6. 墙上起柱时,柱纵筋从墙顶向下插入墙内长度为(　　　)。

   A. $1.6l_{aE}$ B. $1.5l_{aE}$

   C. $1.2l_{aE}$ D. $0.5l_{aE}$

7. 剪力墙中水平分布筋在距离基础梁或板顶面以上(　　　)时,开始布置第一道。

   A. 50mm   B. 水平分布筋间距/2

   C. 100mm   D. 60mm

8. 剪力墙墙身拉筋长度公式为(　　　)。

   A. 长度 = 墙厚 − 2×保护层厚度 + 1.9d×2 + max(10d,75)×2

   B. 长度 = 墙厚 − 2×保护层厚度 + 10d×2

   C. 长度 = 墙厚 − 2×保护层厚度 + 8d×2

   D. 长度 = 墙厚 − 2×保护层厚度

9. 剪力墙洞口处的补强钢筋每边伸过洞口(　　　)。

   A. 500mm   B. 15d

   C. $l_{aE}(l_a)$ D. 洞口宽/2

二、多选题

1. 剪力墙墙身钢筋有(　　　)。

   A. 水平筋   B. 竖向筋

   C. 拉筋   D. 洞口加强筋

2. 下面关于剪力墙竖向钢筋构造描述错误的是(　　　)。

   A. 剪力墙竖向钢筋采用搭接时,必须在楼面以上≥500mm 时搭接

   B. 剪力墙竖向钢筋采用机械连接时,没有非连接区域,可以在楼面处连接

   C. 三、四级抗震剪力墙竖向钢筋可在同一部位搭接

   D. 剪力墙竖向钢筋顶部构造为到顶层板底伸入一个锚固值 l_{aE}

3. 剪力墙墙端无柱时,关于墙身水平钢筋端部构造描述正确的是(　　　)。

   A. 当墙厚较小时,端部用 U 形箍同水平钢筋搭接

   B. 搭接长度为 1.2l_{aE}

   C. 墙端设置双列拉筋

   D. 墙水平钢筋也可以伸至墙端弯折15d 且两端弯折搭接 50mm

4. 剪力墙按构件类型分,包含(　　　)。

   A. 墙身   B. 墙柱

   C. 墙梁(连梁、暗梁)   D. 板

5. 剪力墙水平分布钢筋在基础部位设置为(　　)。

　A. 在基础部位应布置不少于两道水平分布钢筋和拉筋

　B. 水平分布钢筋在基础内间距应≤500mm

　C. 水平分布钢筋在基础内间距应≤250mm

　D. 基础部位内不应布置水平分布钢筋

拓展知识

剪力墙新旧规则对比

第五章 板平法识图与钢筋计算

本章重点

本章重点讲解有梁楼盖板和无梁楼盖板的集中标注、原位标注平法识图,同时对板底钢筋、板面钢筋、支座负筋、分布筋、温度筋的构造进行了三维展示,并列出了这些钢筋长度和根数的计算公式。

教学目标

通过本章的学习,能帮助学生熟悉现浇板构件的平法识图,掌握板平法施工图的制图规则和注写方式。学生通过三维视图能掌握板内主要钢筋的布置,并能理解记忆板内各主要钢筋的计算公式。通过后续的工程案例实训和习题练习,学生能具备板平法识图和钢筋计算实操能力。

建议学时

4 学时。

建议教学形式

配套使用 16G101-1 图集和本书所配钢筋平法多媒体教学系统课件、视频。

第一节 有梁楼盖板平法识图

有梁楼盖板指以梁为支座的楼面及屋面板,如图 5-1 所示。有梁楼盖板平法施工图平面标注主要包括板块集中标注和板支座原位标注。

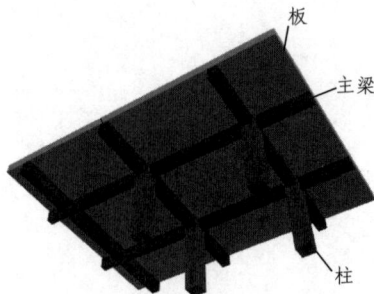

图 5-1 有梁楼盖板三维示意图

1.板块集中标注

板块集中标注的内容包括板块编号、板厚、贯通纵筋,以及当板面标高不同时的标高高差,如图 5-2 所示。图中 LB1 表示 1 号楼板,板厚 120mm,板下部配置的贯通纵筋 X 向为 φ 10 @ 100,Y 向为 φ 10@ 150;板上部未配置贯通纵筋。

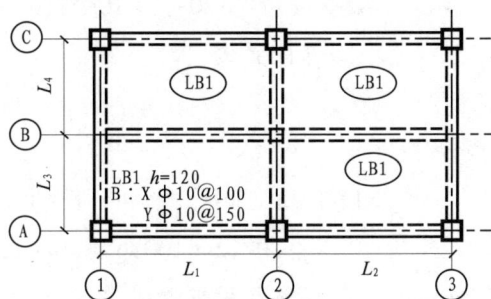

图 5-2　板集中标注示意图

为方便设计表达和施工识图,规定结构平面的坐标方向为:当两向轴网正交布置时,图面从左至右为 X 向,从下至上为 Y 向;当轴网转折时,局部坐标方向顺轴网转折角度做相应转折。

对于普通楼面板,以 XY 向一跨为一板块;对于密肋楼盖,以 XY 向主梁一跨为一板块;所有板块逐一编号,相同编号的板块可选择其中一板块做集中标注,其他仅标注置于圆圈内的板编号,以及当板面标高不同时的标高高差。

板块集中标注中板块编号见表 5-1 规定。

板　编　号 表 5-1

板　类　型	代　号	序　号
屋面板	WB	× ×
楼面板	LB	× ×
悬挑板	XB	× ×

板块集中标注中,板厚标注为 $h = × × ×$;当悬挑板的端部改变截面厚度时,用斜线分隔根部与端部的高度值,标注为 $h = × × × / × × ×$。

板块集中标注中,纵筋按板块的下部和上部分别标注,并以 B 代表下部,T 代表上部,B&T 代表下部与上部;X 向贯通纵筋以 X 打头,Y 向贯通纵筋以 Y 打头,两向贯通纵筋配置相同时则以 X&Y 打头。单向板分布筋可不必标注,但是需要在图中统一注明。当贯通筋采用两种规格钢筋"隔一布一"方式时,表达为 φ xx/yy@ xxx,表示直径为 xx 的钢筋和直径为 yy 的钢筋二者之间间距为 xxx,直径 xx 的钢筋的间距为 xxx 的 2 倍,直径 yy 的钢筋的间距为 xxx 的 2 倍。

板块集中标注中板面标高高差指相对于结构层楼面标高的高差,应将其标注在括号内,且有高差则注,无高差不注。

【例5-1】 有一楼面板块标注为:

$$LB2 \quad h = 150$$
$$B:X \oplus 12@120;Y \oplus 10@110$$

表示2号楼面板,板厚150mm,板下部配置的贯通纵筋X向为$\oplus 12@120$,Y向为$\oplus 10@110$;板上部未配置贯通纵筋。

【例5-2】 有一楼面板块标注为:

$$LB2 \quad h = 150$$
$$B:X \oplus 10/12@100;Y \oplus 10@110$$

表示2号楼面板,板厚150mm,板下部配置的贯通纵筋X向为$\oplus 10$、$\oplus 12$隔一布一,$\oplus 10$与$\oplus 12$之间间距为100mm;Y向为$\oplus 10@110$;板上部未配置贯通纵筋。

【例5-3】 有一悬挑板标注为:

$$XB2 \quad h = 170/120$$
$$B:X \& Y \oplus 8@200$$

表示2号悬挑板,板根部厚170mm,端部厚120mm,板下部配置构造钢筋双向均为$\oplus 8@200$。

2.板支座原位标注

板支座原位标注的主要内容为板支座上部非贯通纵筋和悬挑板上部受力钢筋,如图5-3所示。

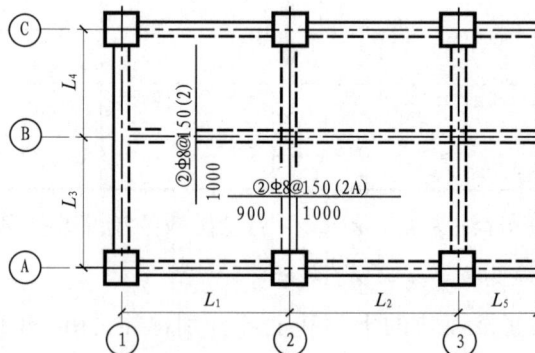

图5-3 板支座原位标注示意图(尺寸单位:mm)

板支座上部非贯通纵筋自支座中线向跨内的伸出长度,标注在线段的下方位置。当中间支座上部非贯通纵筋向支座两侧对称伸出时,可仅在支座一侧线段下方标注伸出长度,另一侧不标注。当向支座两侧非对称伸出时,应分别在支座两侧线段下方标注伸出长度。对线段画至对边,贯通全跨或贯通全悬挑长度的上部通长纵筋,贯通全跨或伸出至全悬挑一侧的长度值不标注,只注明非贯通纵筋另一侧的伸出长度值。

第二节　无梁楼盖板平法识图

无梁楼盖板指没有梁的楼盖板,楼板由戴帽的柱头支撑,与有梁楼盖相比扩大楼层净空,节省建材,加快施工进度,而且质地更密,抗压性更高,抗振动冲击更强,结构更合理。图 5-4 为无梁楼盖楼面板三维示意。无梁楼盖板平面标注主要包括板带集中标注和板带支座原位标注。

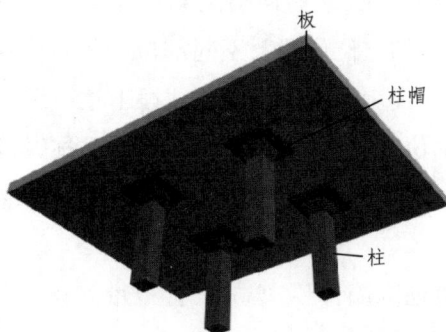

图 5-4　无梁楼盖楼面板三维示意图

1.板带集中标注

集中标注应在板带贯通纵筋配置相同跨的第一跨标注。对于相同编号的板带,可择其一板块做集中标注,其他仅标注板带编号。板带集中标注的具体内容包括板带编号、板带厚、板带宽和贯通纵筋。

板带编号规定见表 5-2,跨数按柱网轴线计算,两相邻柱轴线之间为一跨;悬挑不计入跨数。板带厚标注为 $h = \times \times \times$,板带宽标注为 $b = \times \times \times$。

板 带 编 号　　　　　　　　　　　　　　表 5-2

板带类型	代　号	序　号	跨数及有无悬挑	备　注
柱上板带	ZSB	××	(××)、(××A)或(××B)	(××A)为一端有悬挑,
跨中板带	KZB	××	(××)、(××A)或(××B)	(××B)为两端有悬挑

贯通纵筋按板带下部和板带上部分别标注,并以 B 代表下部,T 代表上部,B&T 代表下部和上部。

【例 5-4】有一板带标注为:

$$ZSB5(3A)　h = 300　b = 3200$$

$$B:\Phi 16@120$$

T:Φ18@220

表示 5 号柱上板带,有 3 跨且一端有悬挑;板带厚 300mm,宽 3200mm;板带配置贯通纵筋下部为Φ16@120,上部为Φ18@220。

2.板带支座原位标注

板带支座上部非贯通纵筋,以一段与板带同向的中粗实线段代表板带支座上部非贯通纵筋;对柱上的板带,实线段贯穿柱上区域绘制;对跨中的板带,实线段横贯柱网轴线绘制。在线段上标注钢筋编号(如①、②等)、配筋值及在线段下方标注自支座中线向两侧跨内的伸出长度。当板带支座非贯通纵筋自支座中线向两侧对称伸出时,其伸出长度可仅在一侧标注;当配置在有悬挑端的边柱上时,该筋伸出到悬挑端头;当支座上部非贯通纵筋呈放射分布时,图纸上应注明配筋间距的定位位置。不同部位的板带支座上部非贯通纵筋相同者,可仅在一个部位注写,其余则在代表非贯通纵筋的线段上注写编号。

比如平面布置图的某部位,在横跨板带支座绘制的对称线段上注有⑦Φ16@200,在线段一侧的下方注有1200,表示支座上部⑦号非贯通纵筋为Φ16@200,自支座中线向两侧跨内的伸出长度均为1200mm。

当板带上部已经配有贯通纵筋,但需增加配置板带支座上部非贯通纵筋时,应结合已配同向贯通纵筋的直径与间距,采取"隔一布一"的方式布置。比如有一板带上部已配置贯通纵筋Φ16@220,板带支座上部非贯通纵筋为⑤Φ16@220,则板带在该位置实际配置的上部纵筋为Φ16@110,其中 1/2 为贯通纵筋,1/2 为⑤非贯通纵筋。

再如有一板带上部已配置贯通纵筋Φ16@240,板带支座上部非贯通纵筋为③Φ18@240,则板带在该位置实际配置的上部纵筋为Φ16 和Φ18 间隔布置,二者之间间距为 120mm。

第三节　板钢筋构造三维图解与计算

板需要计算的钢筋按照所在位置及功能不同,可以分为受力钢筋和附加钢筋两大部分,见表5-3。

板需要计算的钢筋　　　　　　　　表5-3

钢 筋 类 型	钢 筋 名 称	钢 筋 类 型	钢 筋 名 称
受力钢筋	板底钢筋	附加钢筋	温度钢筋
	板面钢筋		角部加强筋
	支座负筋		洞口附加筋

一、板底通长筋长度及根数的计算(参考 16G101-1 第 99 页)

1.板底通长筋长度计算(图 5-5)

$$底筋长度=板净跨+左伸进长度+右伸进长度+弯钩增加值$$

当底筋伸入端部支座为剪力墙、梁时,伸进长度 $=\max($ 支座宽 $/2,5d)$。

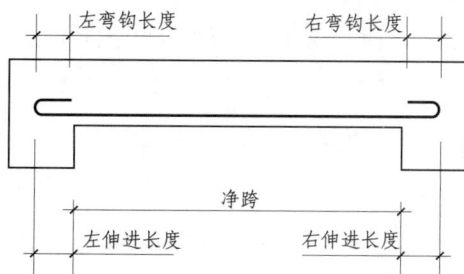

图 5-5　板底筋长度计算示意图

2.板底通长钢筋根数计算(图 5-6)

$$板底钢筋根数=[\,支座间净距(净跨)-板筋间距\,]/间距+1$$

$$(第一根钢筋距梁为 1/2 板筋间距)$$

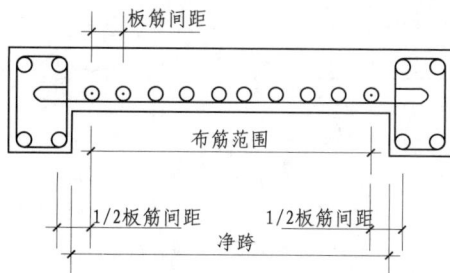

图 5-6　板底通长钢筋根数计算示意图

二、板纵筋长度及根数的计算(参考 16G101-1 第 99 页)

1.板上部纵筋长度计算(图 5-7)

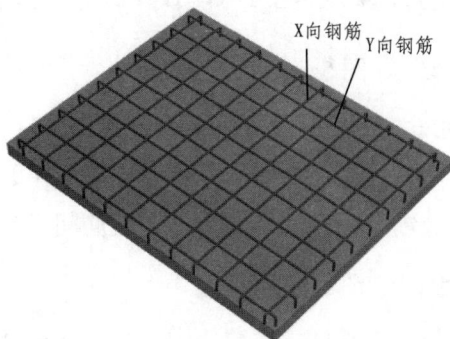

图 5-7　板面钢筋示意图

视频讲解

板面筋的计算

91

$$板上部纵筋 = 板净跨 + 两端伸入长度$$

两端伸入长度分以下两种情况：

（1）当为普通楼层屋面板时：

$$伸入长度 = 梁宽 - 保护层 - 梁角筋直径 + 15d$$

（2）当为梁板式转换层楼面板时：

$$伸入长度 = 墙厚 - 保护层 - 墙外侧竖向筋直径 + 15d$$

当负筋伸入端部支座为砌体墙时：

$$伸入长度 = 平直段 + 15d（平直段长度 \geqslant 0.35 l_{ab}）$$

2. 板下部纵筋长度计算

板下部纵筋长度计算公式同上部纵筋，两端伸入长度分以下两种情况：

（1）当为普通楼层屋面板时[图 5-8a)]：

$$伸入长度 = 锚固长度 = \max(5d, 1/2 梁宽)$$

（2）当为梁板式转换层楼面板时[图 5-8b)]：

$$伸入长度 = 直段 + 锚固长度 \geqslant 0.6 l_{abE} + 15d$$

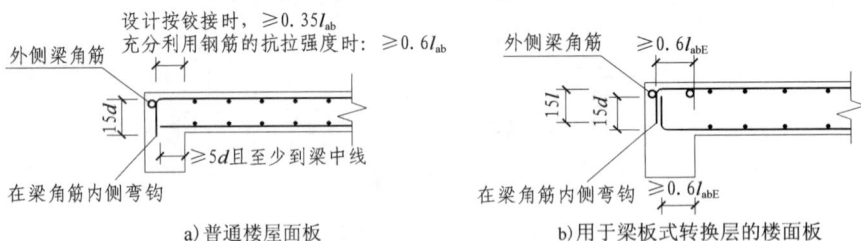

图 5-8　板下部纵筋锚固长度示意图

3. 板纵筋根数计算

$$板纵筋根数 = （支座间净距 - 板筋间距）/ 间距 + 1$$

$$（第一根钢筋距梁为 1/2 板筋间距）$$

三、板支座负筋长度的计算（参考 16G101-1 第 99 页）

1. 板端支座负筋长度的计算(图 5-9)

$$端支座负筋长度 = 板内净长度 + 伸入端支座内长度 + 左右弯折长度$$

$$端支座负筋根数 = [支座间净距 - 板筋间距]/ 间距 + 1$$

$$（第一根钢筋距梁为 1/2 板筋间距）$$

2. 板中间支座负筋长度计算(图 5-10)

中间支座负筋长度 = 左端板内净长度 + 右端板内净长度 + 中间支座宽度 + 左右弯折长度

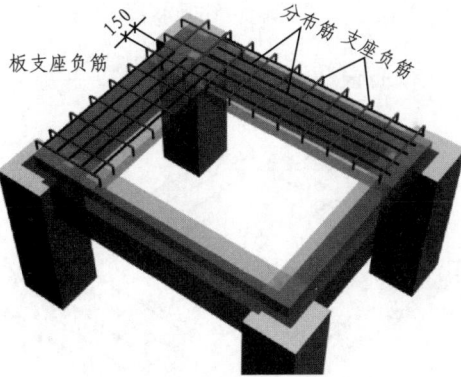

图 5-9　板端支座负筋示意图(尺寸单位:mm)

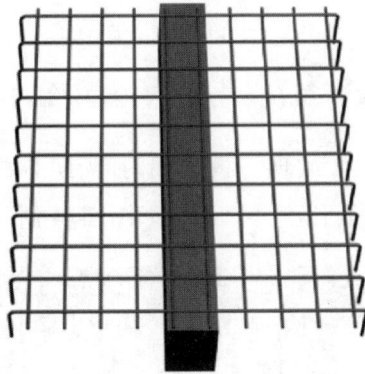

图 5-10　中间支座负筋示意图

3.板分布筋计算

分布筋是固定负筋的钢筋,一般不在图上画出,只用文字表明间距和直径及规格。分布筋是垂直于负筋的一排平行钢筋,分布筋与负筋刚好形成钢筋网片,如图 5-11、图 5-12所示。

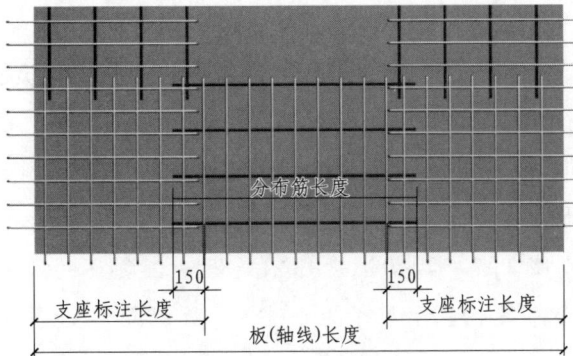

图 5-11　分布筋示意图(尺寸单位:mm)

$$分布筋长度 = 两端支座负筋净距 + 150 \times 2$$

$$分布筋根数 = \frac{支座负筋板内净长}{分布筋间距} + 1$$

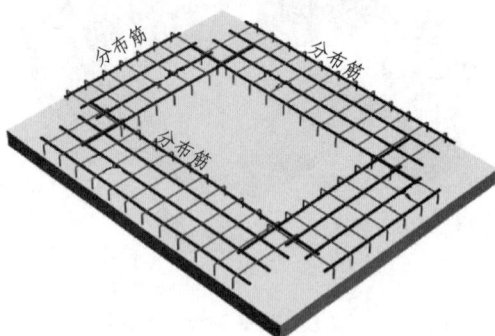

图5-12 分布筋布置三维示意图

四、板温度筋长度及根数计算(参考16G101-1 第102页)

板的温度筋是在收缩应力较大的现浇板区域内,为防止构件由于温差较大时开裂而设置的钢筋,如图5-13所示。温度筋长度计算示意如图5-14所示。

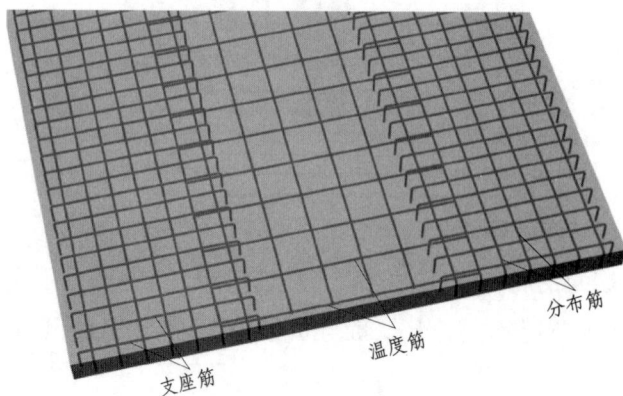

图5-13 温度筋示意图

$$温度筋长度 = 板净跨 - 左侧支座负筋板内净长度 - 右侧支座负筋板内净长度 +$$
$$搭接长度 \times 2$$

$$温度筋根数 = (板垂直向净跨长度 - 左侧支座负筋板内净长度 - 右侧支座负筋板内净长度)/$$
$$温度筋间距 - 1$$

注意:这里为什么是减1呢?因为温度筋不是沿着板负筋的边布置的,而是在距离板负筋一个空档位置开始布置的,两边有两个空档,所以要在计算的最后减1才是正确根数。

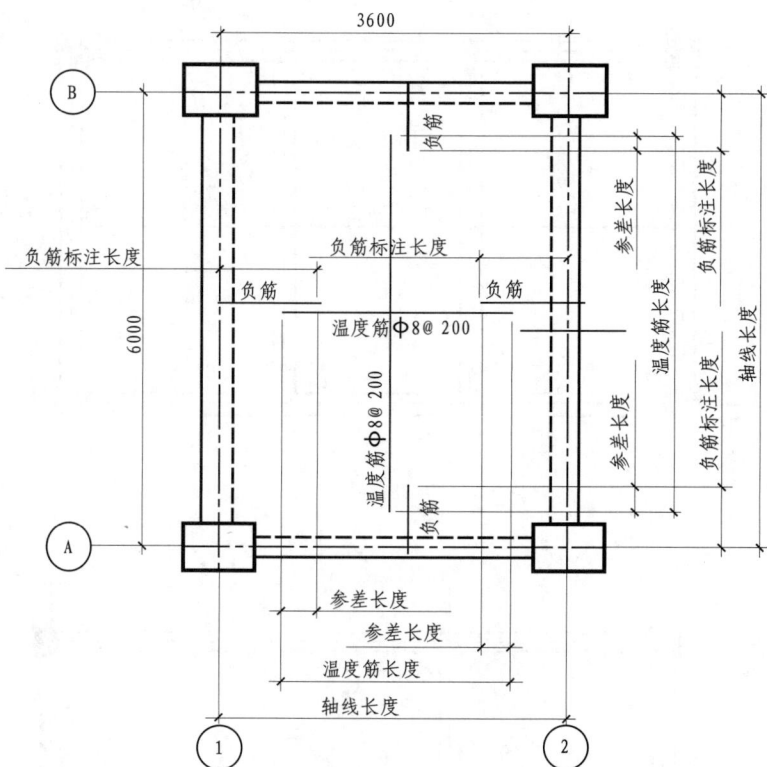

图 5-14　温度筋长度计算示意图(尺寸单位:mm)

第四节　板钢筋计算工程案例实训

【例 5-5】 如图 5-15 所示,混凝土强度等级 C30,支座宽 300mm,居中布置,求板底筋长度和根数。

解:钢筋水平长度 = 板净跨 + 2 × 锚入长度 + 2 × 6.25d(弯钩)

$$= 3000 + 2600 + 3000 - 300 + \max(5 \times 8, 300/2) \times 2 + 2 \times 6.25 \times 8$$

$$= 8700 \text{mm}$$

根数 = (5000 − 300 − 50 × 2)/100 + 1 = 47 根

【例 5-6】 如图 5-16 所示,混凝土强度等级 C30,支座宽 300mm,居中布置。求图中板面筋长度及根数,假设梁角筋直径为 20mm。

解:板面筋水平长度 = 板净长 + 2 × 锚入长度

$$= 2600 + 6000 - 300 + (300 - 25 - 20) \times 2 + 15 \times 8 \times 2 = 9050 \text{mm}$$

板面筋根数 = (5000 − 300 − 150)/150 + 1 = 32 根

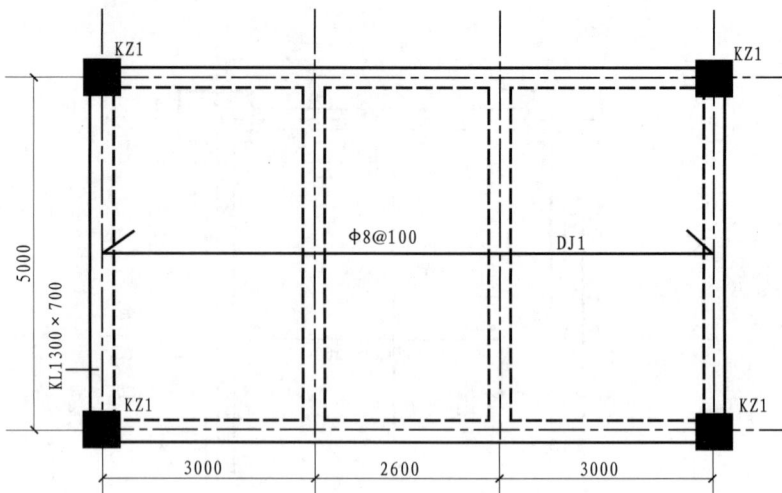

图5-15 工程案例(尺寸单位:mm)

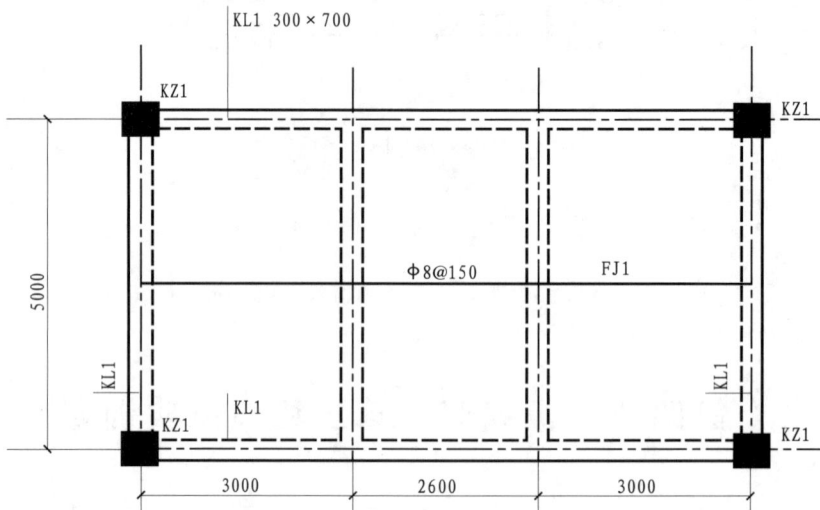

图5-16 工程案例(尺寸单位:mm)

【例5-7】 如图5-17所示,混凝土强度等级C30,支座宽300mm,居中布置。求图中1号支座负筋及其分布筋的长度和根数,假设梁角筋直径为20mm,梁保护层厚度25mm,分布筋为φ6@250。

解:1号支座负筋长度 = 1300 + 150 − 25 − 20 + 15 × 6 + 120 − 15 × 2 = 1585mm

1号支座负筋根数 = (5000 − 300 − 200)/200 + 1 = 24根

分布筋长度 = 5000 − 1000 − 1000 + 150 × 2 = 3300mm

分布筋根数 = (1300 − 300/2 − 125)/250 + 1 = 6根

【例5-8】 如图5-18所示,温度筋为直径8mm的HRB400钢筋,每隔200mm布一根,求温度筋的长度及根数。板为非抗震构件,混凝土强度等级C30,设纵筋搭接接头百分率≤25%。

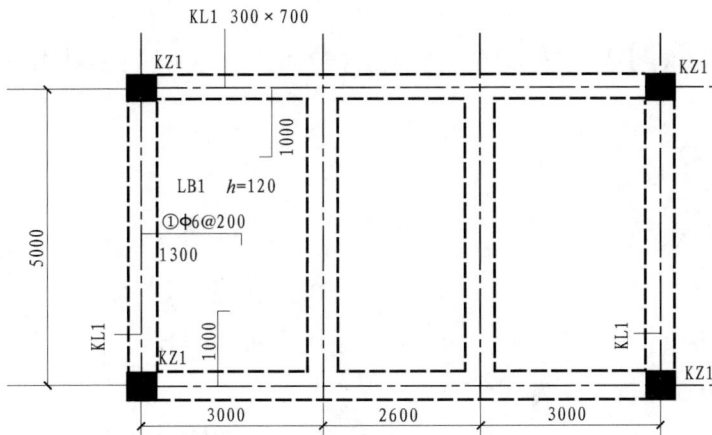

图 5-17　工程案例(尺寸单位:mm)

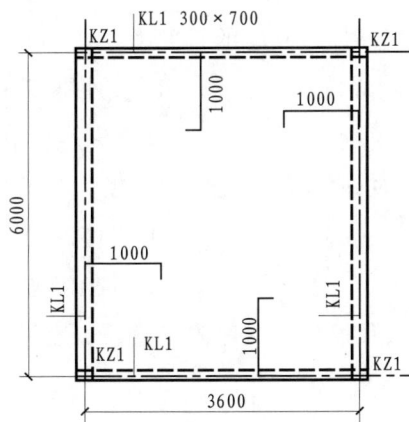

图 5-18　工程案例(尺寸单位:mm)

解:温度筋长度 = 板净跨 - 左侧支座负筋板内净长度 - 右侧支座负筋板内净长度 +
　　　搭接长度 ×2

查 16G101 图集 60 页表,得

$l_1 = 42d = 42 \times 8 = 336\text{mm}$

横向温度筋长度 = $(3600 - 300) - (1000 - 300/2) - (1000 - 300/2) + 336 \times 2$

　　　　　　　　= $3600 - 1000 - 1000 + 672$

　　　　　　　　= 2272mm

横向温度筋根数 = $(6000 - 1000 - 1000)/200 - 1 = 19$ 根

纵向温度筋长度 = $(6000 - 1000 - 1000) + 336 \times 2$

　　　　　　　　= 4672mm

纵向温度筋根数 = $(3600 - 1000 - 1000)/200 - 1 = 7$ 根

本章练习题(练习题答案请登录 www.11g101.com)

一、单选题

1. 板块编号中 XB 表示(　　　)。

    A. 现浇板　　　　　　　　　　　　B. 悬挑板

    C. 延伸悬挑板　　　　　　　　　　D. 屋面现浇板

2. 板端支座负筋弯折长度为(　　　)。

    A. 板厚　　　　　　　　　　　　　B. 板厚-保护层厚度

    C. 板厚-保护层厚度×2　　　　　　 D. 15d

3. 当板的端支座为梁时,底筋伸进支座的长度为(　　　)。

    A. 10d　　　　　　　　　　　　　B. 支座宽/2 + 5d

    C. max(支座宽/2,5d)　　　　　　 D. 5d

4. 当板的端支座为砌体墙时,底筋伸进支座的长度为(　　　)。

    A. 板厚　　　　　　　　　　　　　B. 支座宽/2 + 5d

    C. max(支座宽/2,5d)　　　　　　 D. max(板厚,120,墙厚/2)

5. 当板支座为剪力墙时,板负筋伸入支座内平直段长度为(　　　)。

    A. 5d

    B. 墙厚/2

    C. 墙厚 − 保护层厚度 − 墙外侧竖向分布筋直径

    D. 0.4l_{ab}

6. 16G101-1 注明有梁楼面板和屋面板下部受力筋伸入支座的长度为(　　　)。

    A. 支座宽 − 保护层厚度　　　　　　B. 5d

    C. 支座宽/2 + 5d　　　　　　　　D. max(支座宽/2,5d)

二、多选题

1. 影响钢筋锚固长度 l_{ae} 大小选择的因素有(　　　)。

    A. 抗震等级　　　　　　　　　　　B. 混凝土强度

    C. 钢筋种类及直径　　　　　　　　D. 保护层厚度

2. 在无梁楼盖板的制图规则中规定了相关代号,下面对代号解释正确的是(　　　)。

    A. ZSB 表示柱上板带

    B. KZB 表示跨中板带

C. B 表示上部,T 表示下部

D. $h = \times \times \times$表示板带宽,$B = \times \times \times$表示板带厚

3. 板内钢筋有( )。

A. 受力筋　　　　　B. 负筋　　　　　C. 负筋分布筋　　　　　D. 温度筋

E. 架立筋

三、判断题

1. 板的支座是梁、剪力墙时,其上部支座负筋锚固长度为 l_a,下部纵筋伸入支座 $5d$ 且至少到支座中心线。　　　　　　　　　　　　　　　　　　　　　　　( )

2. ZXB 表示柱现浇板。　　　　　　　　　　　　　　　　　　　　　　( )

3. 板的支座是圈梁时,其上部支座负筋锚固长度为:支座宽 – 保护层厚度 – 圈梁外侧角筋直径 + 15d,下部纵筋伸入支座 $5d$ 且至少到圈梁中心线。　　　　　　　( )

4. 悬挑板的代号是 XB。　　　　　　　　　　　　　　　　　　　　　( )

5. 悬挑板板厚标注为 $h = 120/80$,表示板根厚度为 120mm,板前端厚度为 80mm。 ( )

6. 板钢筋标注分为集中标注和原位标注,集中标注的主要内容是板的贯通筋,原位标注主要是针对板的非贯通筋。　　　　　　　　　　　　　　　　　　　　　( )

7. 板中间支座筋的支座为混凝土剪力墙、砌体墙或圈梁时,其构造不相同。　　( )

拓展知识

板钢筋计算注意事项

第六章　基础平法识图与钢筋长度计算

本章重点

本章重点讲解独立基础、条形基础和筏形基础的平法识图,同时对各类基础配筋构造进行了三维展示,并列出了基础梁和基础平板各种构造的钢筋计算公式。

教学目标

通过本章的学习,学生能熟悉现浇混凝土基础的平法识图,能掌握基础施工图的制图规则和注写方式。学生通过三维视图能掌握基础内主要钢筋的布置,并能理解记忆基础内各主要钢筋的计算公式。通过案例实训和习题练习,学生能具备基础平法识图和钢筋计算实操能力。

建议学时

8 学时。

建议教学形式

配套使用 16G101-3 图集和本书所配钢筋平法多媒体教学系统课件、视频。

第一节　独立基础平法识图

独立基础平面布置图将独立基础平面与基础所支承的柱一起绘制。当设置基础联系梁时,根据图面的疏密情况,将基础联系梁绘制在基础平面布置图上,或将基础联系梁布置图单独绘制。在独立基础平面布置图上应标注基础定位尺寸,当独立基础的柱中心线或杯口中心线与建筑轴线不重合时,须标注其定位尺寸。编号相同且定位尺寸相同的基础,仅选择一个进行标注。独立基础平法施工图包括平面标注与截面标注两种表达方式。

一、独立基础平面标注

独立基础平面标注方式包括集中标注和原位标注。

1.独立基础集中标注

1)独立基础编号标注

独立基础编号标注见表 6-1 的规定。

独立基础编号表

表 6-1

类　型	基础底板截面形状	代　号	序　号
普通独立基础	阶形	DJ$_\mathrm{J}$	××
	坡形	DJ$_\mathrm{P}$	××
杯口独立基础	阶形	BJ$_\mathrm{J}$	××
	坡形	BJ$_\mathrm{P}$	××

独立基础底板截面形状通常有两种：

（1）阶形截面编号加下标"J"，如 DJ$_\mathrm{J}$××、BJ$_\mathrm{J}$××。

（2）坡形截面编号加下标"P"，如 DJ$_\mathrm{P}$××、BJ$_\mathrm{P}$××。

2）独立基础截面竖向尺寸标注

下面按普通独立基础和杯口独立基础分别进行说明。

（1）若阶形截面普通独立基础 DJ$_\mathrm{J}$×× 的竖向尺寸标注为 400/300/300 时，表示 $h_1 = 400\mathrm{mm}$、$h_2 = 300\mathrm{mm}$、$h_3 = 300\mathrm{mm}$，基础底板总厚度为 1000mm，如图 6-1 所示，各阶尺寸自下而上用"/"分隔顺写；基础为单阶时，其竖向尺寸仅为一个，且为基础总厚度，如图 6-2 所示。若坡形截面普通独立基础 DJ$_\mathrm{P}$×× 的竖向尺寸标注为 350/300 时，表示 $h_1 = 350\mathrm{mm}$、$h_2 = 300\mathrm{mm}$，基础底板总厚度为 650mm，如图 6-3 所示。

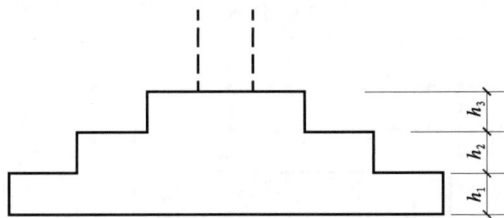

图 6-1　阶形截面普通独立基础多阶竖向尺寸

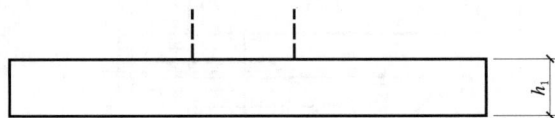

图 6-2　阶形截面普通独立基础单阶竖向尺寸

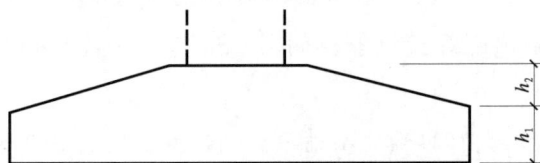

图 6-3　坡形截面普通独立基础竖向尺寸

(2)当杯口独立基础为阶形截面时,其竖向尺寸分两组,一组表达杯口内,另一组表达杯口外,两组尺寸以","分隔,标注为:a_0/a_1,$h_1/h_2/\cdots$,如图 6-4 所示,其中杯口深度 a_0 为柱插入杯口的尺寸加 50mm。

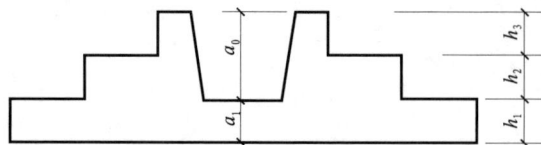

图 6-4　阶形截面杯口独立基础竖向尺寸

3)独立基础配筋标注

(1)普通独立基础和杯口独立基础的底部双向配筋标注规定如下:

①以 B 代表各种独立基础底板的底部配筋。

②X 向配筋以 X 打头标注,Y 向配筋以 Y 打头标注;当两向配筋相同时,则以 X&Y 打头标注。

【例 6-1】 独立基础底板配筋标注为:

$$B:X\ \Phi\ 16@\ 150,Y\ \Phi\ 16@\ 200$$

表示基础底板底部配置 HRB400 级钢筋,X 向直径 16mm,间距 150mm;Y 向直径 16mm,间距 200mm,如图 6-5 所示。

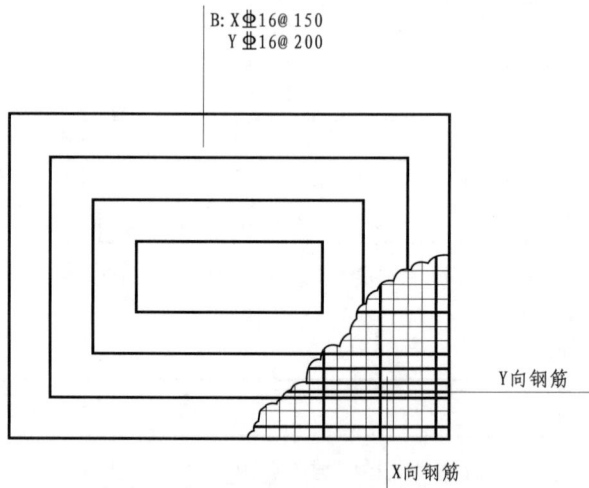

图 6-5　独立基础板底筋双向配筋示意图

当标注杯口独立基础顶部焊接钢筋网时,以 Sn 打头引注杯口顶部焊接钢筋网的各边钢筋。

【例 6-2】 如图 6-6 所示,杯口独立基础顶部钢筋网标注为 Sn2 Φ 14,表示杯口顶部每边配置 2 根 HRB400 级直径 14mm 的焊接钢筋网。

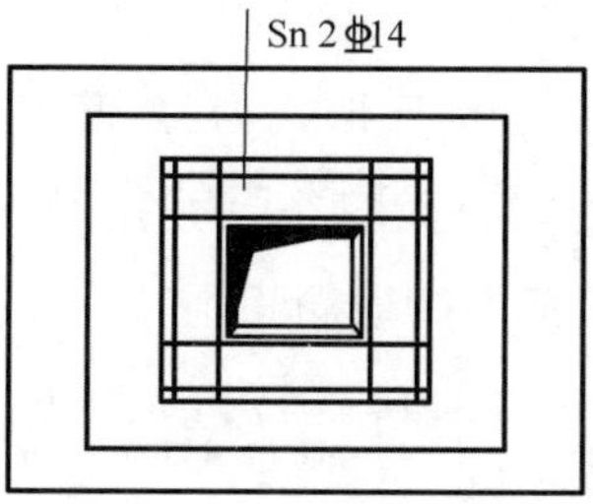

图 6-6　杯口独立基础顶部焊接钢筋网示意图

【例 6-3】 如图 6-7 所示,双杯口独立基础顶部钢筋网标注为 Sn2 Φ16,表示杯口每边和双杯口间杯壁的顶部均配置 2 根 HRB400 级直径 16mm 的焊接钢筋网。

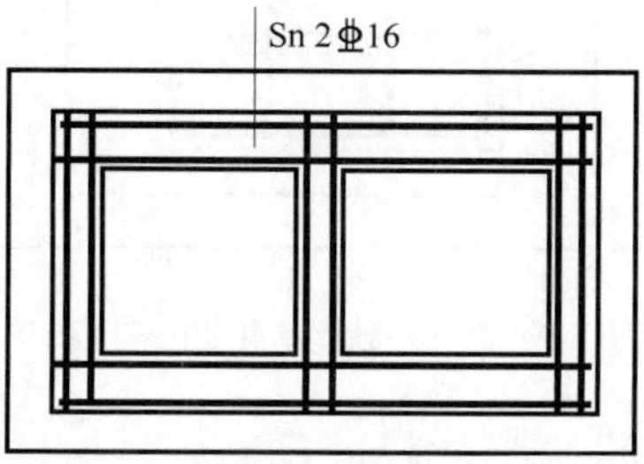

图 6-7　双杯口独立基础顶部钢筋网示意图

(2)高杯口独立基础的杯壁外侧和短柱配筋标注(图 6-8、图 6-9)规定如下:

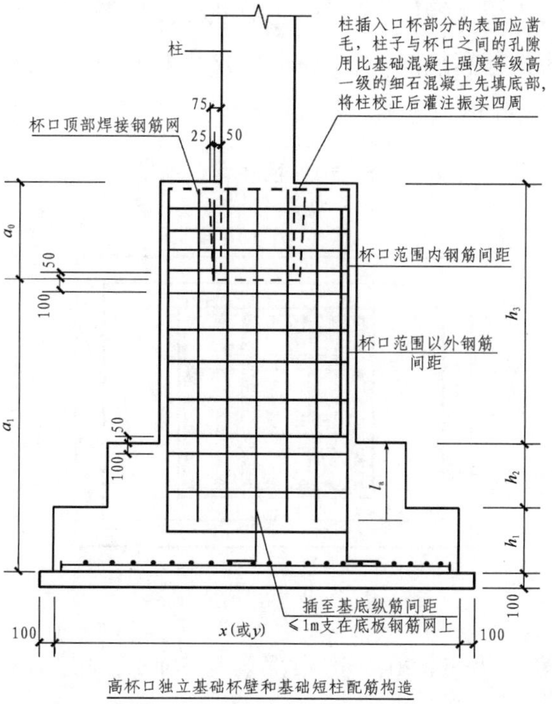

高杯口独立基础杯壁和基础短柱配筋构造

图 6-8　杯口基础立面示意图(尺寸单位:mm)

103

①以 O 代表短柱配筋。

②先标注短柱纵筋,再标注箍筋。标注形式为:角筋/长边中部筋/短边中部筋,箍筋(两种间距);当杯壁水平截面为正方形时,标注形式为:角筋/x 边中部筋/y 边中部筋,箍筋(两种间距,杯口范围内箍筋间距/短柱范围内箍筋间距)。

O: 4 Φ20/Φ16@220/Φ16@200
Φ10@150/300

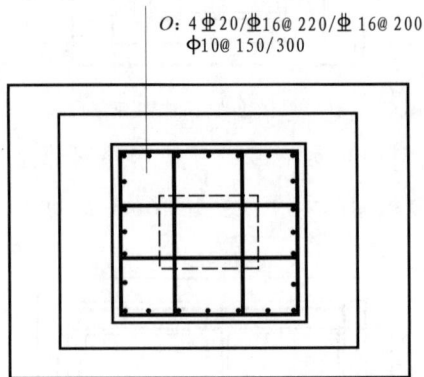

图 6-9　高杯口独立基础配筋标注示例

(3)当独立基础埋深较大,设置短柱时,短柱配筋应标注在独立基础中(图 6-10)。具体标注规定如下:

①以 DZ 代表普通独立深基础短柱。

②先标注短柱纵筋,再标注箍筋,最后标注短柱标高范围。标注形式为:角筋/长边中部筋/短边中部筋,箍筋,短柱标高范围;当短柱水平截面为正方形时,标注形式为:角筋/x 边中部筋/y 边中部筋,箍筋,短柱标高范围。

DZ: 4Φ20/5Φ18/5Φ18
Φ10@100

−2.500 ~ −0.050

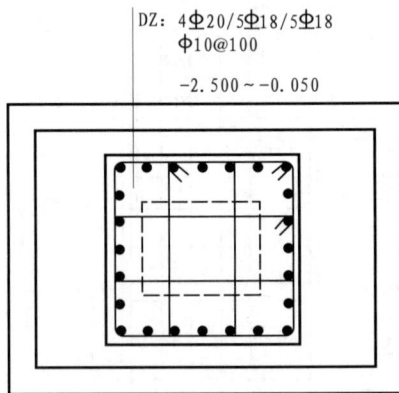

图 6-10　独立基础短柱配筋示例

图 6-10 标注表示:角筋为 4 Φ20;x 边中部筋为 5 Φ18;y 边中部筋为 5 Φ18;箍筋直径 10mm,间距 100mm;独立基础的短柱设置在 −2.500 ~ −0.050 高度范围内。

（4）当为多柱独立基础时,其编号、几何尺寸和配筋的标注方法与单柱独立基础相同。双柱独立基础的柱距较小时,通常仅配置基础底部钢筋;柱距较大时,除基础底部配筋外,尚需在两柱间配置基础顶部钢筋或设置基础梁;当为四柱独立基础时,通常可设置两道平行的基础梁,需要时可在两道基础梁之间配置基础顶部钢筋。

多柱独立基础顶部配筋和基础梁配筋的标注方法如下:

①标注双柱独立基础底板顶部配筋。双柱独立基础的顶部配筋,通常对称分布在双柱中心线两侧,标注形式为:双柱间纵向受力钢筋/分布钢筋。当纵向受力钢筋在基础底板顶面非满布时,应注明其总根数。

②标注双柱独立基础的基础梁配筋。当双柱独立基础为基础底板与基础梁相结合时,须标注基础梁的编号、几何尺寸和配筋。如 JL××(1)表示该基础梁为 1 跨,两端无外伸;JL××(1A)表示该基础梁为 1 跨,一端有外伸;JL××(1B)表示该基础梁为 1 跨,两端均有外伸。

【例 6-4】 独立基础底板顶部配筋标准为:

$$T:11 \, \underline{\Phi} \, 18@ \, 100/\phi \, 10@ \, 200$$

表示独立基础顶部纵向配置 11 根直径 18mm 的 HRB400 级受力钢筋,间距 100mm;分布筋 HPB300 级,直径 10mm,分布间距 200mm。

2. 独立基础原位标注

（1）普通独立基础的原位标注形式为:

$$x、y,x_c、y_c(或圆柱直径 \, d_c),x_i、y_i(i=1,2,3\cdots)$$

式中:$x、y$——普通独立基础两向边长;

$x_c、y_c$——柱截面尺寸;

$x_i、y_i$——阶宽或坡形平面尺寸(当设置短柱时,尚应标注短柱的截面尺寸)。

①对称阶形截面普通独立基础的原位标注,如图 6-11 所示。

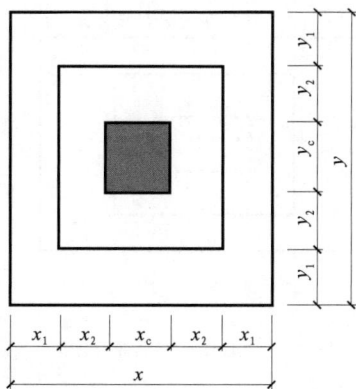

图 6-11　对称阶形截面普通独立基础的原位标注

②非对称阶形截面普通独立基础的原位标注,如图 6-12 所示。

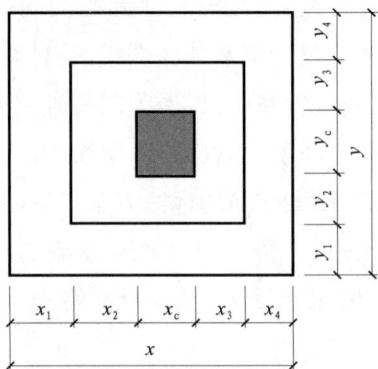

图6-12 非对称阶形截面普通独立基础的原位标注

③设置短柱独立基础的原位标注,如图6-13所示。

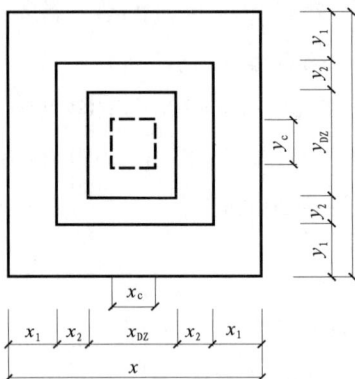

图6-13 短柱独立基础示意图

④普通独立基础采用平面标注方式的集中标注和原位标注综合设计表达,如图6-14所示。

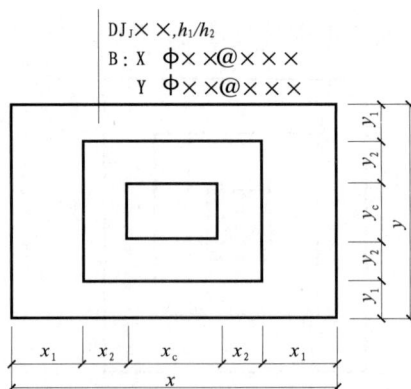

图6-14 普通独立基础综合标注示意图

(2)杯口独立基础原位标注为:

$$x、y,x_u、y_u,t_i,x_i、y_i(i=1,2,3\cdots\cdots)$$

式中:x、y——杯口独立基础两向边长;

x_u、y_u——杯口上口尺寸;

t_i——杯壁厚度;

x_i、y_i——阶宽或坡形截面尺寸。

杯口上口尺寸 x_u、y_u,按柱截面边长两侧双向各加75mm;杯口下口尺寸按标准构造详图(为插入杯口的相应柱截面边长尺寸,每边各加50mm),施工图不注。

阶形截面杯口独立基础的原位标注,如图6-15所示,高杯口独立基础原位标注与杯口独立基础完全相同。

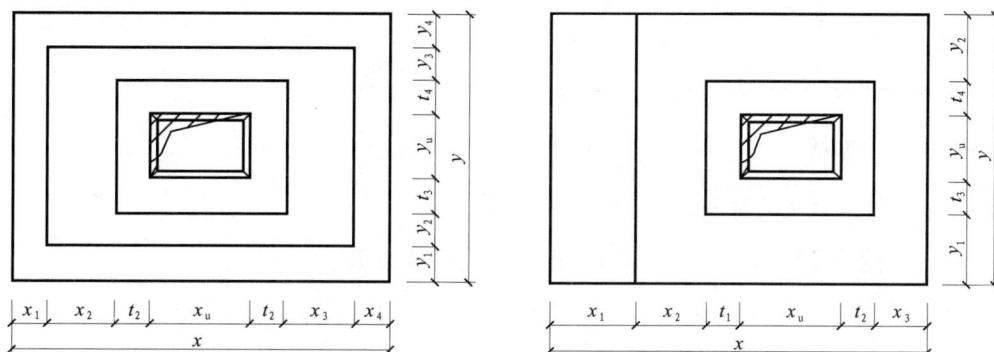

图6-15 杯口独立基础原位标注示意图

杯口独立基础采用集中标注和原位标注的综合标注,如图6-16所示。图中集中标注的第三、四行内容表示高杯口独立基础短柱的竖向纵筋和横向箍筋;当为非高杯口独立基础时,集中标注通常为第一、二、五行的内容。

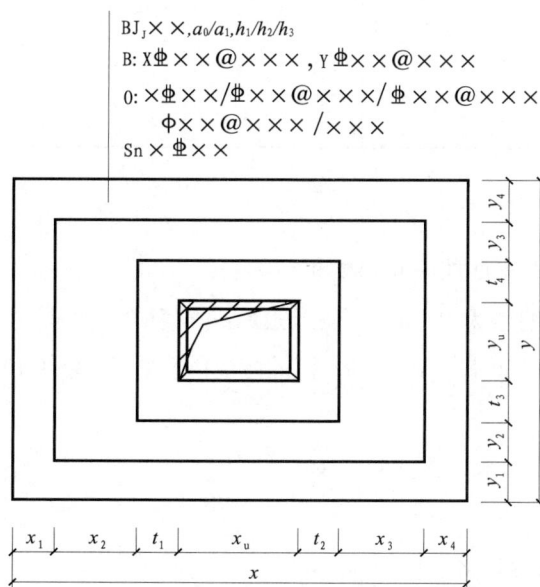

图6-16 杯口独立基础综合标注示意图

二、独立基础的截面标注方式

独立基础的截面标注方式,可分为截面标注和列表标注两种。采用截面标注方式,应在基础平面布置图上对所有基础进行编号,见表 6-2 的规定。

基础编号表   表 6-2

类　型	基础底板截面形状	代　号	序　号
普通独立基础	阶形	DJ_J	××
	坡形	DJ_P	××
杯口独立基础	阶形	BJ_J	××
	坡形	BJ_P	××

1. 普通独立基础

普通独立基础列表集中标注栏目(表 6-3)为:

(1)编号:阶形截面编号为 DJ_J××,坡形截面编号为 DJ_P××。

(2)几何尺寸:水平尺寸 x、y,x_c、y_c(或圆柱直径 d_c),x_i、y_i($i=1,2,3\cdots$),竖向尺寸 $h_1/h_2/\cdots$。

(3)配筋:B:X$\oplus$××@××××,Y$\oplus$××@××××。

普通独立基础几何尺寸和配筋表   表 6-3

基础编号/截面号	截面几何尺寸				底部配筋(B)	
	x、y	x_c、y_c	x_i、y_i	$h_1/h_2\cdots$	X 向	Y 向

2. 杯口独立基础

杯口独立基础列表集中标注栏目(表 6-4)为:

(1)编号:阶形截面编号为 BJ_J××,坡形截面编号为 BJ_P××。

(2)几何尺寸:水平尺寸 x、y,x_u、y_u,t_i,x_i、y_i($i=1,2,3\cdots$),竖向尺寸 a_0/a_1,$h_1/h_2/h_3\cdots$。

(3)配筋:

B:X$\oplus$××@××××,Y$\oplus$××@××××

Sn×$\oplus$××

O:×$\oplus$××/$\oplus$××@××××/$\oplus$××@××××

　　Φ××@××××/××××

杯口独立基础几何尺寸和配筋表   表6-4

基础编号/ 截面号	截面几何尺寸				底部配筋(B)		杯口顶部 钢筋网(Sn)	杯壁外侧配筋(O)	
	x、y	x_c、y_c	x_i、y_i	a_0/a_1, $h_1/h_2\cdots$	X 向	Y 向		角筋/长边 中部筋/短 边中部筋	杯口箍筋/ 短柱箍筋

第二节 独立基础钢筋构造三维图解与计算

一、独立基础的底筋构造与计算

独立基础的底筋一般是网状的,双向交叉钢筋,长向设置在下,短向设置在上。独立基础短向采用两种配筋图,如图6-17所示。

独立基础底筋长度 = 基础长度 - 2 × 保护层厚度

$$根数 = \frac{边长 - \min(75, s/2) \times 2}{间距} + 1$$

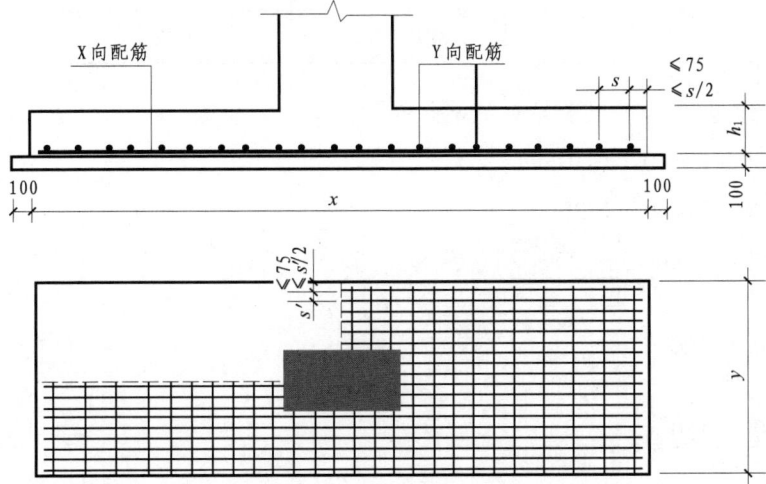

图6-17 独立基础短向采用两种配筋图(尺寸单位:mm)

二、双柱独立基础底板顶部钢筋构造与计算

双柱独立基础底板顶部钢筋构造,如图6-18所示。

上层钢筋长度 = 柱内侧间距 + $2l_a$

下层钢筋长度 = 底边长 - 2 × 保护层厚度

第一根钢筋到基础边的距离为 $\min(75, s/2)$，s 为钢筋间距。

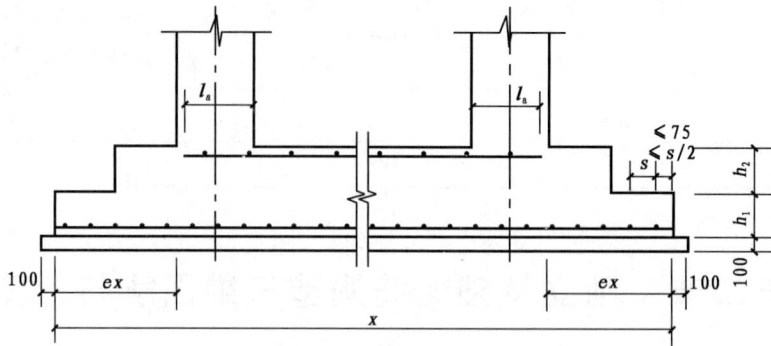

图 6-18　双柱独立基础底板顶部钢筋构造示意图

三、独立基础底板钢筋计算案例分析

【例 6-5】 如图 6-17 所示，设 $x = 2000 \text{mm}$，$y = 1800 \text{mm}$，求横向、纵向钢筋长度及根数，基本参数见表 6-5。

基 本 参 数　　　　　　　　　　　　　　　　　表 6-5

混凝土强度等级	保护层厚度(mm)	配　　筋	抗震等级	连 接 方 式
C30	40	Φ25@200	非抗震	绑扎连接

独立基础底筋长度 = 基础长度 − 2 × 保护层厚度

X 方向：$2000 - 2 \times 40 = 1920 \text{mm}$

Y 方向：$1800 - 2 \times 40 = 1720 \text{mm}$

$$\text{根数} = \frac{\left[\text{边长} - \min(75, s/2) \times 2\right]}{\text{间距}} + 1$$

X 方向：$\dfrac{1800 - 150}{200} + 1 = 10$ 根

Y 方向：$\dfrac{2000 - 150}{200} + 1 = 11$ 根

第三节　条形基础平法识图

条形基础整体上可分为梁板式条形基础和板式条形基础两类。梁板式条形基础适用于钢筋混凝土框架结构、框架-剪力墙结构、部分框支剪力墙结构和钢结构,平法识图将梁板式条形基础分解为基础梁和条形基础底板分别进行表达。板式条形基础适用于钢筋混凝土剪力墙结构和砌体结构,平法施工图仅表达条形基础底板。条形基础平法施工图可分为平面标注和截面标注两种方式。

条形基础编号分为基础梁和条形基础底板编号,见表6-6的规定。

条　形　基　础　编　号　　　　　　表6-6

类　型		代　号	序　号	跨数及有无外伸
基础梁		JL	××	(××)端部无外伸
条形基础底板	坡形	TJB_P	××	(××A)一端有外伸
	阶形	TJB_J	××	(××B)两端有外伸

一、条形基础的平面标注方式

1.基础梁的平面标注方式

基础梁的平面标注方式包括集中标注和原位标注。

1)条形基础梁的集中标注

集中标注内容为基础梁编号、截面尺寸和配筋三项必注内容,以及基础梁底面标高和必要的文字注解两项选注内容。具体规定如下:

(1)标注基础梁编号:JL××。

(2)标注基础梁截面尺寸:$b \times h$,表示梁截面宽度与高度。当为加腋梁时,用$b \times h$、$Yc_1 \times c_2$表示,其中c_1为腋长,c_2为腋高。

(3)标注基础梁配筋:

①当具体设计仅采用一种箍筋间距时,标注钢筋级别、直径、间距与肢数(箍筋肢数写在括号内)。

②当具体设计采用两种箍筋时,用"/"分隔不同箍筋,按照从基础梁两端向跨中的顺序标注。先标注第一段箍筋(在前面加注箍筋道数),在斜线后再标注第二段箍筋(不再加注箍筋道数)。

【例6-6】 9Φ16@100/Φ16@200(6),表示配置两种HRB400级箍筋,直径16mm,从梁两端起向跨内按间距100mm设置9道,梁其余部位的间距为200mm,均为6肢箍。

(4)标注基础梁底部、顶部及侧面纵向钢筋:

①以B打头,标注梁底部贯通纵筋(不应少于梁底部受力钢筋总截面面积的1/3)。当跨中所注根数少于箍筋肢数时,需要在跨中增设梁底部架立筋以固定箍筋,采用"+"将贯通纵筋与架立筋相连,架立筋标注在加号后面的括号内。

②以T打头,标注梁顶部贯通纵筋。标注时用";"将底部与顶部贯通纵筋分隔开,如有

111

个别跨与其不同,按本规则原位标注的规定处理。

③当梁底部或顶部贯通纵筋多于一排时,用"/"将各排纵筋自上而下分开。

【例6-7】 B:4⊉25;T:12⊉25 7/5,表示梁底部配置贯通纵筋为4⊉25;梁顶部配置贯通纵筋上一排为7⊉25,下一排为5⊉25,共12⊉25。

④以G打头标注梁两侧面对称设置的纵向构造钢筋的总配筋值(当梁腹板净高 h_w 不小于450mm时,根据需要配置)。

【例6-8】 G8⊉14,表示梁每个侧面配置纵向构造钢筋4⊉14,共配置8⊉14。

⑤标注基础梁底面标高(选注内容)。当条形基础的底面标高与基础底面基准标高不同时,将条形基础底面标高标注在"( )"内。

2)条形基础梁的原位标注

(1)当梁端或梁在柱下区域的底部纵筋多于一排时,用"/"将各排纵筋自上而下分开。

(2)当同排纵筋有两种直径时,用"+"将两种直径的纵筋相连。

(3)当梁中间支座或梁在柱下区域两边的底部纵筋配置不同时,需在支座两边分别标注;当梁中间支座两边的底部纵筋相同时,可仅在支座的一边标注。

(4)当梁端(柱下)区域的底部全部纵筋与集中标注过的底部贯通纵筋相同时,可不再重复做原位标注。

2.条形基础底板的平面标注方式

条形基础底板的平面标注方式包括集中标注和原位标注。

1)条形基础底板的集中标注

集中标注内容为条形基础底板编号、截面竖向尺寸和配筋三项必注内容,以及板底标高和必要的文字注解两项内容。

素混凝土条形基础底板的集中标注,除无底板配筋内容外,与钢筋混凝土条形基础底板相同。具体规定如下:

(1)条形基础底板编号:

①阶形截面编号加下标"J",如 TJB$_J$×× (××);

②坡形截面编号加下标"P",如 TJB$_P$×× (××)。

(2)标注条形基础底板截面竖向尺寸: $h_1/h_2/\cdots,h_1/h_2$ 为不同截面高,如图6-19所示。

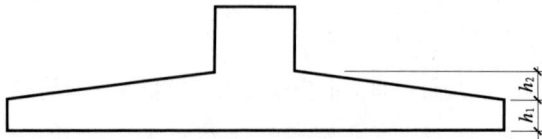

图6-19 条形基础底板竖向尺寸标注

当条形基础底板为坡形截面 TJB$_P$×× ,其截面竖向尺寸注写为350/300时,表示 $h_1=$

350mm、$h_2 = 300$mm,基础底板根部总厚度为 650mm。

（3）标注条形基础底板底部及顶部配筋（图 6-20,图 6-21）：以 B 打头,标注条形基础底板底部的横向受力钢筋;以 T 打头,标注条形基础底板顶部的横向受力钢筋;标注时,用"／"分隔条形基础底板的横向受力钢筋与纵向分布筋。

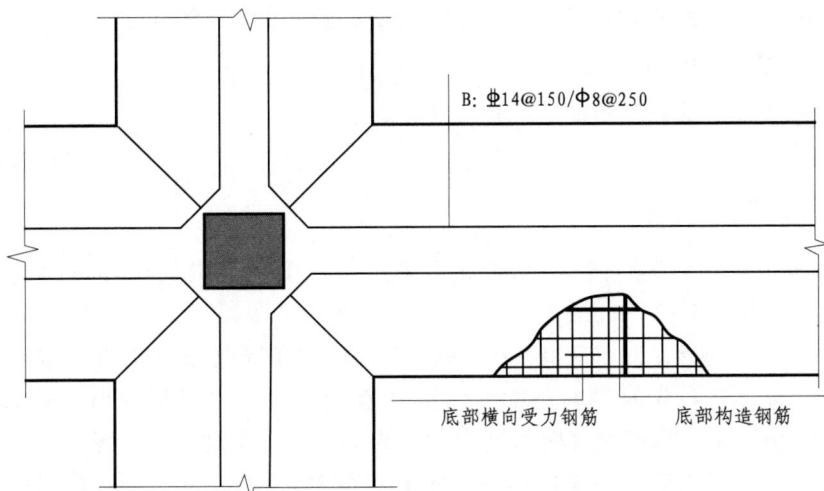

图 6-20 条形基础底板底部配筋示意图

图 6-20 标注为:

B:Φ14@ 150／Φ8@ 250,表示条形基础底板底部配置 HRB400 级横向受力钢筋,直径 14mm,分布间距 150mm;配置 HPB300 级构造钢筋,直径 8mm,分布间距 250mm。

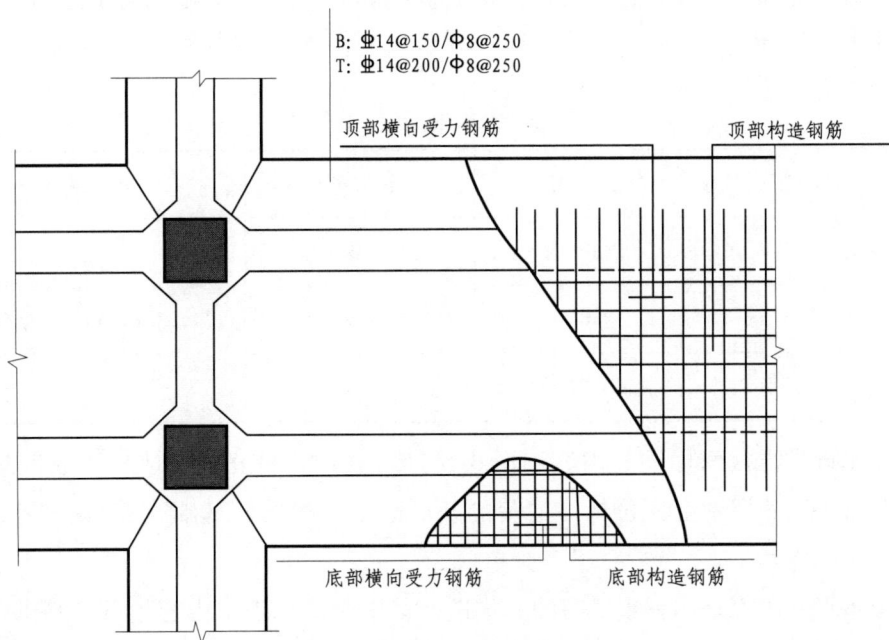

图 6-21 双梁条形基础底板顶部配筋示意图

113

图6-21标注为：

B:$\Phi 14@150/\phi 8@250$，表示条形基础底板底部配置HRB400级横向受力钢筋，直径14mm，分布间距150mm；配置HPB300级构造钢筋，直径8mm，分布间距250mm。

T:$\Phi 14@200/\phi 8@250$，表示条形基础顶部配置HRB400级横向受力钢筋，直径14mm，分布间距200mm；配置HPB300级构造钢筋，直径8mm，分布间距250mm。

2）条形基础底板的原位标注

（1）原位标注条形基础底板的平面尺寸为：

$$b、b_i(i=1,2,\cdots)$$

式中：b——基础底板总宽度；

b_i——基础底板台阶的宽度，当基础底板采用对称于基础梁的坡形截面或单阶形截面时，b_i可不注。

（2）梁板式条形基础存在双梁共用同一基础底板，墙下条形基础也存在双墙共用同一基础底板的情况，当为双梁或为双墙且梁或墙荷载差别较大时，条形基础两侧可取不同的宽度，实际宽度以原位标注的基础底板两侧非对称的不同台阶宽度b_i进行表达。

（3）原位注写修正内容。当在条形基础底板上集中标注的某项内容，如底板截面竖向尺寸、底板配筋、底板底面标高等，不适用于条形基础底板的某跨或某外伸部分时，可将其修正内容原位标注在该跨或该外伸部位，施工时原位标注优先。

二、条形基础的截面标注方式

条形基础的截面标注方式，又可分为截面标注和列表注写（结合截面示意图）两种表达方式。采用截面标注方式，应在基础平面布置图上对所有条形基础进行编号，见表6-7的规定。

条 形 基 础 编 号　　　　　　　　　表6-7

类　型		代　号	序　号	跨数及有无外伸
基础梁		JL	××	（××）端部无外伸 （××A）一端有外伸 （××B）两端有外伸
条形基础底板	坡形	TJB_P	××	
	阶形	TJB_J	××	

对条形基础进行截面标注的内容和形式，与传统"单构件正投影表示方法"基本相同。对于已在基础平面布置图上原位标注清楚的条形基础梁和条形基础底板的水平尺寸，可不在截面图上重复表达。

对多个条形基础可采用列表注写的方式进行集中表达。表中内容为条形基础截面的几何尺寸和配筋，截面示意图上应标注与表中栏目相对应的代号。列表的具体规定如下：

114

（1）基础梁列表集中注写栏目为：

①编号：注写 JL××(××)、JL××(××A)或 JL××(××B)。

②几何尺寸：$b \times h$；当为加腋梁时，标注 $b \times h$ $Yc_1 \times c_2$。

③配筋：标注基础梁底部贯通纵筋、非贯通纵筋，顶部贯通纵筋，箍筋。当设计为两种箍筋时，箍筋注写为：第一种箍筋/第二种箍筋，第一种箍筋为梁端部箍筋，须标注箍筋的箍数、钢筋级别、直径、间距与肢数。

基础梁列表注写形式见表6-8。

基础梁几何尺寸和配筋表 表6-8

基础梁编号/截面号	截面几何尺寸		配 筋	
	$b \times h$	加腋 $c_1 \times c_2$	底部贯通纵筋、非贯通纵筋，顶部纵筋	第一种箍筋/第二种箍筋

（2）条形基础底板列表集中注写栏目为：

①编号：坡形截面编号为 $TJB_P \times \times(\times \times)$、$TJB_P \times \times(\times \times A)$或 $TJB_P \times \times(\times \times B)$，阶形截面编号为 $TJB_J \times \times(\times \times)$、$TJB_J \times \times(\times \times A)$或 $TJB_J \times \times(\times \times B)$。

②几何尺寸：水平尺寸 b、$b_i(i=1,2,\cdots)$，竖向尺寸 h_1/h_2。

③配筋：B：$\Phi \times \times @ \times \times \times/\Phi \times \times @ \times \times \times$。

基础底板列表注写形式见表6-9。

条形基础底板几何尺寸和配筋表 表6-9

基础底板编号/截面号	截面几何尺寸			底部配筋（B）	
	b	b_i	h_1/h_2	横向受力筋	纵向受力筋

第四节 条形基础钢筋构造三维图解与计算

条形基础分为有梁式条形基础和无梁式条形基础，如图6-22所示，条形基础需要计算的钢筋见表6-10。

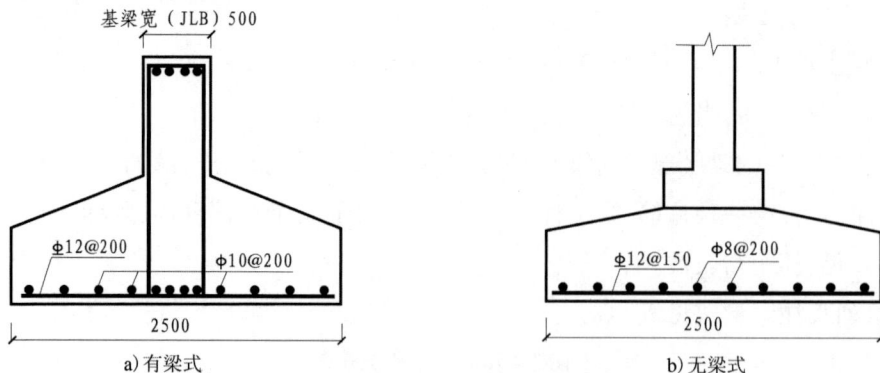

图 6-22 条形基础的类型(尺寸单位:mm)

条形基础需要计算的钢筋   表 6-10

构 件	钢筋类别	钢筋种类
基础梁 JL	纵筋	底部贯通筋
		顶部贯通筋
		底部非贯通筋
		侧面构造筋
	其他钢筋	加腋钢筋
		附加吊筋
	箍筋	箍筋
基础底板	底部钢筋	受力筋
		分布筋

有梁式条形基础除了计算基础底板横向受力筋与分布筋外,还要计算梁的纵筋以及箍筋,条形基础的钢筋在底部形成钢筋网。

1.基础梁无外伸结构钢筋计算

$$底部贯通筋长度 = 梁长 - 保护层厚度 \times 2 + 15d \times 2$$

$$底部贯通筋根数 = (梁宽 - 保护层厚度 \times 2)/钢筋间距 + 1$$

$$顶部贯通筋长度 = 梁长 - 保护层厚度 \times 2 + 15d \times 2$$

$$顶部贯通筋根数 = (梁宽 - 保护层厚度 \times 2)/钢筋间距 + 1$$

$$底部非贯通筋长度 = l_n/3 + h_c + l_n/3$$

$$底部非贯通筋根数 = (梁宽 - 保护层厚度 \times 2)/钢筋间距 + 1$$

$$侧面构造筋长度 = 梁长 - 保护层厚度 \times 2$$

侧面构造筋根数见具体设计图。

加腋钢筋、附加吊筋和箍筋长度及根数的算法参考梁。

2.基础底板钢筋计算

$$受力筋长度 = 条基宽度 - 2 \times 保护层厚度$$

$$受力筋根数 = [条基长度 - \min(75, s/2) \times 2]/间距 + 1$$

$$分布筋长度 = 条基长度 - 2 \times 保护层$$

$$分布筋根数 = [条基宽度 - \min(75, s/2) \times 2]/间距 + 1$$

注意:条基宽度≥2500mm 时,底板受力筋缩减10%交错配置。计算规则同独立基础。

第五节　筏形基础的平法识图

筏形基础亦称筏板基础。当建筑物上部荷载较大而地基承载能力又比较弱时,用简单的独立基础或条形基础已不能适应地基变形的需要,这时常将墙或柱下基础连成一片,使整个建筑物的荷载承受在一块整板上,这种满堂式的板式基础称筏形基础,筏形基础是建筑物与地基紧密接触的平板形的基础结构。筏形基础根据其构造的不同,又分为梁板式筏形基础和平板式筏形基础。

一、梁板式筏形基础的平法识图

梁板式筏形基础主要由三部分构件构成:基础主梁、基础次梁(图 6-23)和基础平板。梁板式筏形基础三维示意如图 6-24 所示。

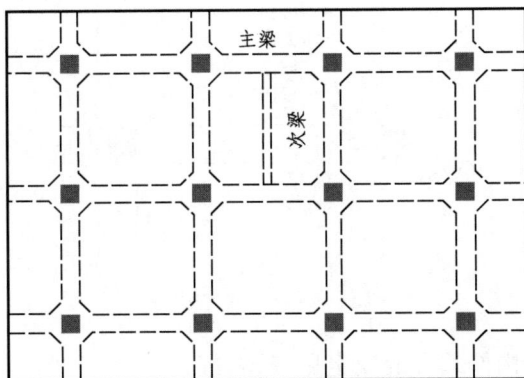

图 6-23　梁板式筏形基础中基础次梁示意图

1.梁板式筏形基础主梁与次梁的平法识图

梁板式筏形基础主梁 JL、次梁 JCL 平面标注表示方式包括集中标注与原位标注。

1)基础主梁与基础次梁的集中标注

117

图 6-24　梁板式筏形基础三维示意图

基础主梁与基础次梁的集中标注内容为:基础梁编号、截面尺寸、配筋以及基础梁底面标高高差(相对于筏形基础平板底面标高)。其中编号、截面尺寸、配筋三项为必注内容,标高高差一项为选注内容。基础主梁集中标注示例如图 6-25 所示。

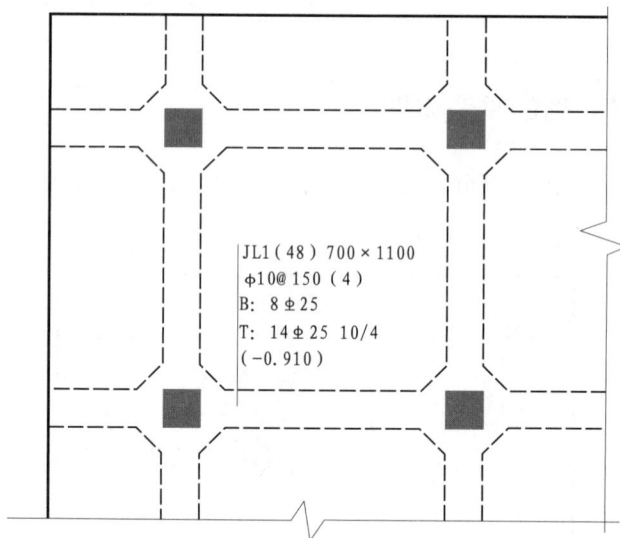

JL1(48)700×1100
φ10@150(4)
B: 8Φ25
T: 14Φ25 10/4
(-0.910)

图 6-25　基础主梁集中标注示例

(1)梁板式筏形基础构件编号的规定见表 6-11。

梁板式筏形基础构件编号表

表 6-11

构 件 类 型	代　号	序　号	跨数及有无外伸
基础主梁(柱下)	JL	××	(××)(××A)(××B)
基础次梁	JCL	××	(××)(××A)(××B)
梁板筏基础平板	LPB	××	(××)(××A)(××B)

（2）梁板式筏形基础集中标注第一行:标注基础梁编号及截面尺寸(图6-26)。

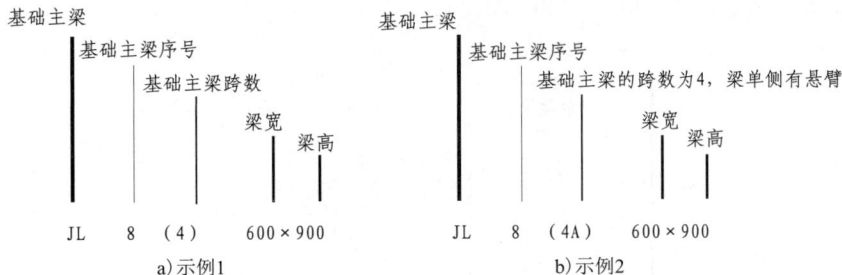

图6-26 梁板式筏形基础集中标注第一行示例

图6-26示例1与示例2不同之处在于,示例2括号中多了一个A,表示基础梁有单侧悬臂,如果括号中为B,则表示基础梁双侧均有悬臂。以 $b \times h$ 表示梁截面宽度与高度;当为加腋梁时,用 $b \times h\ Yc_1 \times c_2$ 表示,其中 c_1 为腋长,c_2 为腋高。

（3）集中标注第二行:标注基础梁箍筋(图6-27)。当采用一种箍筋间距时,注写钢筋级别、直径、间距与肢数;当采用两种箍筋时,用"/"分隔不同箍筋,按照从基础梁两端向跨中的顺序注写。先注写第一段箍筋(在前面加注箍数),斜线后再注写第二段箍筋(不再加注箍数)。

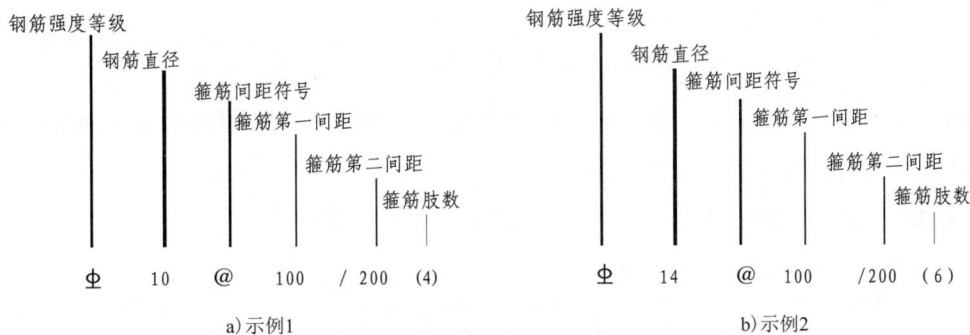

图6-27 梁板式筏形基础集中标注第二行示例

图6-27示例2中,在"Φ"的前面,有"11"字样,指的是箍筋加密区的箍筋道数是11道。请注意,箍筋加密区有两个,都是靠近柱子的区域。

（4）集中标注第三行:标注基础梁底部、顶部及侧面纵向钢筋(图6-28)。以 B 打头,先注写梁底部贯通纵筋,当跨中所注根数少于箍筋肢数时,需要在跨中加设架立筋以固定箍筋,注写时,用加号将贯通纵筋与架立筋相连,架立筋注写在加号后面的括号内。以 T 打头注写梁顶部贯通纵筋值,注写时用分号将底部与顶部纵筋分隔开。当梁底部或顶部贯通纵筋多于一排时,用斜线将各排纵筋自上而下分开。

（5）集中标注第四行:标注基础梁两侧的纵向构造钢筋(图6-29)。以 G 打头注写基础梁两侧面对称设置的纵向构造钢筋的总配筋值(当梁腹板高度 $h_w \geqslant 450\text{mm}$ 时,根据需要配

119

置)。当需要配置抗扭纵向钢筋时,梁两个侧面设置的抗扭纵向钢筋以 N 打头。N 表示抗扭筋,属于腰筋的一种,是用以承受扭矩的钢筋。

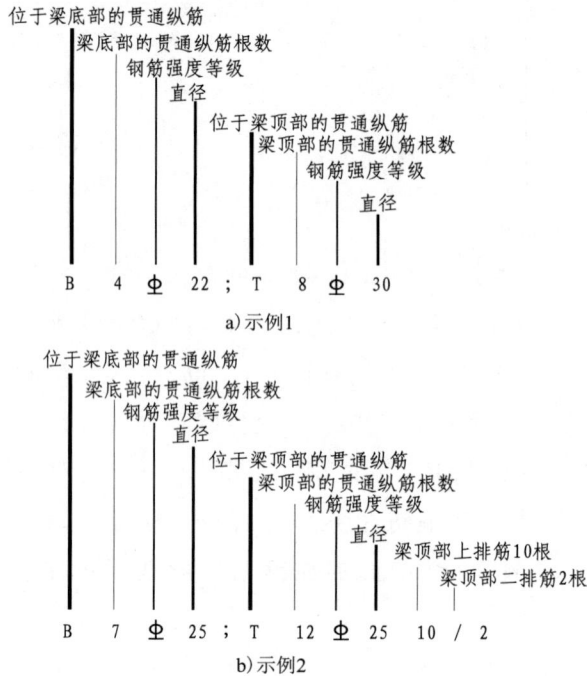

a)示例1

b)示例2

图 6-28　梁板式筏形基础集中标注第三行示例

(6)集中标注末行:标注基础梁底面标高高差。指相对于筏形基础平板底面标高的高差值,有高差时需将高差写入括号内,无高差时不注。

图 6-30 中,(-4.200)表示梁的底面标高,比基准标高低 4.200m。

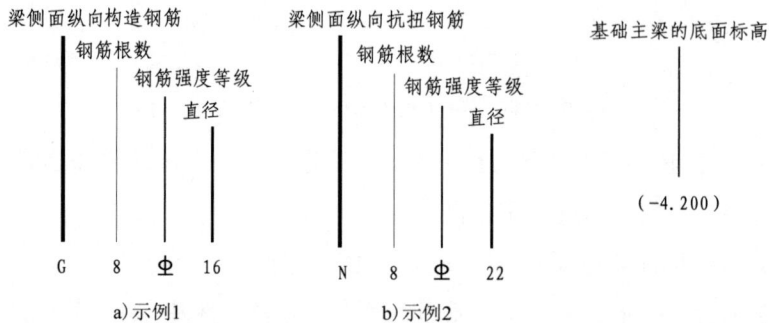

a)示例1　　b)示例2

图 6-29　梁板式筏形基础集中标注第四行示例

图 6-30　集中标注末行示例

2)基础主梁与基础次梁的原位标注

(1)标注梁端区域的底部全部纵筋,包括已经集中注写过的贯通纵筋在内的所有纵筋。

①当梁端区域的底部纵筋多于一排时,用斜线将各排纵筋自上而下分开。

②当同排纵筋有两种直径时,用加号将两种直径的纵筋相连。

③当梁中间支座两边的底部纵筋配置不同时,需在支座两边分别标注;当梁中间支座两边的底部纵筋相同时,可仅在支座的一边标注配筋值。

④当梁端区域的底部全部纵筋与集中注写过的贯通纵筋相同时,可不再重复作原位标注。

⑤加腋梁加腋部位钢筋,需在设置加腋的支座处以 Y 打头注写在括号内。

(2)标注基础梁的附加箍筋或吊筋。将其直接画在平面图中的主梁上,用线引注总配筋值,当多数附加箍筋或吊筋相同时,可在基础梁平法施工图上统一注明,少数与统一注明值不同时,再原位引注。

(3)当基础梁外伸部位截面高度变化时,在该部位原位注写 $b \times h_1/h_2$,h_1 为根部截面高度,h_2 为外伸端截面高度。

(4)注写修正内容。当在基础梁上集中标注的某项内容(如梁截面尺寸、箍筋、底部与顶部贯通纵筋或架立筋、梁侧面纵向构造钢筋、梁底面标高高差等)不适用于某跨或某外伸部分时,则将其修正内容原位标注在该跨或该外伸部位,施工时取用原位标注。

当在多跨基础梁的集中标注中已注明加腋,而该梁某跨根部不需要加腋时,则应在该跨原位标注等截面的 $b \times h$,以修正集中标注中的加腋信息。

2. 梁板式筏形基础平板的平法识图

梁板式筏形基础平板的平法标注,分板底部与顶部贯通纵筋的集中标注与板底部附加非贯通纵筋的原位标注两部分内容。当仅设置贯通纵筋而未设置附加非贯通纵筋时,则仅作集中标注。

1)梁板式筏形基础平板贯通纵筋的集中标注

梁板式筏形基础平板贯通纵筋的集中标注,应在所表达的板区双向均为第一跨(X 与 Y 双向首跨)的板上引出(图面从左至右为 X 向,从下至上为 Y 向)。集中标注的规定如下:

(1)标注基础平板的编号。

(2)标注基础平板的截面尺寸。标注 $h = \times \times \times$ 表示板厚。

(3)标注基础平板的底部与顶部贯通纵筋及其总长度。先标注 X 向底部(B 打头)贯通纵筋与顶部(T 打头)贯通纵筋及纵向长度范围;再标注 Y 向底部(B 打头)贯通纵筋与顶部(T 打头)贯通纵筋及纵向长度范围(图面从左至右为 X 向,从下至上为 Y 向)。贯通纵筋的总长度标注在括号中,标注方式为"跨数及有无外伸",其表达形式为:(× ×)(无外伸)、(× × A)(一端有外伸)或(× × B)(两端有外伸)。

注意:基础平板的跨数以构成柱网的主轴线为准;两主轴线之间无论有几道辅助轴线(例如框筒结构的混凝土内筒中的多道墙体),均可按一跨考虑。

【例6-9】 X:B⊕25@150；T⊕20@150；(6B) Y:B⊕22@200；T⊕18@200；(4A)

表示基础平板 X 向底部配置⊕25 间距 150mm 的贯通纵筋,顶部配置⊕20 间距 150mm 的贯通纵筋,纵向总长度为 6 跨且两端有外伸；Y 向底部配置⊕22 间距 200mm 的贯通纵筋,顶部配置⊕18 间距 200mm 的贯通纵筋,纵向为 4 跨且一端有外伸。

当贯通筋采用两种规格钢筋"隔一布一"方式时,表达为 φxx/yy@×××,表示直径 xx 的钢筋和直径 yy 的钢筋之间的间距为×××,直径 xx 的钢筋、直径 yy 的钢筋间距分别为×××的2 倍。图 6-31 和图 6-32 为梁板式筏形基础平板的第一行和第二行集中标注。

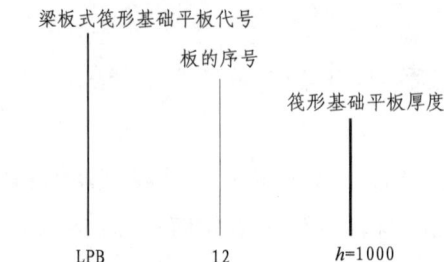

图 6-31 梁板式筏形基础平板集中标注第一行示例

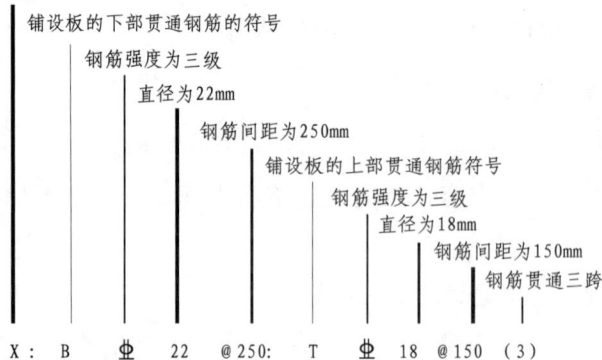

图 6-32 梁板式筏形基础平板集中标注第二行示例

2）梁板式筏形基础平板附加非贯通纵筋的原位标注

梁板式筏形基础平板的原位标注，主要是表示板底部附加非贯通纵筋。

（1）原位标注位置及内容。板底部原位标注的附加非贯通纵筋，应在配置相同跨的第一跨表达。在配置相同跨的第一跨，垂直于基础梁绘制一段中粗虚线，在虚线上标注编号（如①、②等）、配筋值、横向布置的跨数及是否布置到外伸部位。

原位标注的底部附加非贯通纵筋与集中标注的底部贯通钢筋，宜采用"隔一布一"的方式布置，即基础平板（X 向或 Y 向）底部附加非贯通纵筋与贯通纵筋间隔布置，其标注间距与底部贯通纵筋相同（两者实际组合后的间距为各自标注间距的 1/2）。

【例 6-10】　原位标注的基础平板底部附加非贯通纵筋为⑤Φ22@300（3），该三跨范围集中标注的底部贯通纵筋为 BΦ22@300，表示在该三跨支座处实际横向设置的底部纵筋合计为Φ22@150，其他与⑤号筋相同的底部附加非贯通纵筋可仅注编号⑤。

【例 6-11】　原位标注的基础平板底部附加非贯通纵筋为②Φ25@300（4），该四跨范围集中标注的底部贯通纵筋为 BΦ22@300，表示该四跨支座处实际横向设置的底部纵筋为Φ25和Φ22 间隔布置，彼此间距为 150mm。

（2）标注修正内容。当集中标注的某些内容不适用于梁板式筏形基础平板某板区的某一板跨时，应由设计者在该板跨内注明，施工时应按注明内容取用。

（3）当若干基础梁下基础平板的底部附加非贯通纵筋配置相同时，可仅在一根基础梁下做原位标注，并在其他梁上注明"该梁下基础平板底部附加非贯通纵筋同××基础梁"。

二、平板式筏形基础的制图规则及平面表示

平板式筏形基础是没有基础梁的筏形基础，基础的顶面和底面都是平的，如图 6-33 所示。

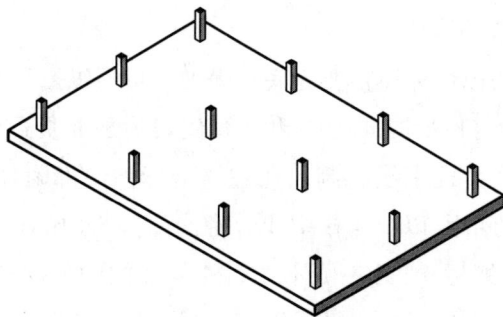

图 6-33　平板式筏形基础立体示意图

平板式筏形基础平法施工图主要采用平面标注方式表达。平板式筏形基础可划分为柱下板带和跨中板带；也可不分板带，按基础平板进行表达。平板式筏形基础构件编号见表 6-12的规定。

平板式筏形基础构件编号

表 6-12

构件类型	代号	序号	跨数及有无外伸	备注
柱下板带	ZXB	××	(××)或(××A) 或(××B)	(××A)为一端有外伸,(××B)为两端有外伸,外伸不计入跨数
跨中板带	KZB	××	(××)或(××A) 或(××B)	
平板筏形 基础平板	BPB	××	—	其跨数及是否有外伸分别在 X、Y 两向的贯通纵筋之后表达。图面从左至右为 X 向,从下至上为 Y 向

1. 柱下板带、跨中板带的平面标注方式

柱下板带与跨中板带的平面标注,分板带底部与顶部贯通纵筋的集中标注与板带底部附加非贯通纵筋的原位标注两部分内容。

1)柱下板带与跨中板带的集中标注

柱下板带与跨中板带的集中标注:应在第一跨(X 向为左端跨,Y 向为下端跨)引出。具体规定如下:

(1)标注编号。

(2)标注截面尺寸,标注 $b = ×××$,表示板带宽度。当柱下板带宽度确定后,跨中板带宽度亦随之确定(即相邻两平行柱下板带之间的距离)。当柱下板带中心线偏离柱中心线时,应在平面图上标注其定位尺寸。

(3)标注底部与顶部贯通纵筋。标注底部贯通纵筋(B 打头)与顶部贯通纵筋(T 打头)的规格与间距,用";"将其分隔开。柱下板带的柱下区域,通常在其底部贯通纵筋的间隔内插空设有底部附加非贯通纵筋(原位标注)。

2)柱下板带与跨中板带的原位标注

柱下板带与跨中板带的原位标注主要为底部附加非贯通纵筋。具体规定如下:

(1)标注内容。以一段与板带同向的中粗虚线代表附加非贯通纵筋;柱下板带,贯穿其柱下区域绘制;跨中板带,横贯柱中线绘制。在虚线上标注底部附加非贯通纵筋的编号(如①、②等)、钢筋级别、直径、间距,以及自柱中线分别向两侧跨内的伸出长度值。当向两侧对称伸出时,长度值可仅在一侧标注,另一侧不注。外伸部位的伸出长度与方式按标准构造,施工图不注。对同一板带中底部附加非贯通筋相同者,可仅在一根钢筋上标注,其他可仅在中粗虚线上标注编号。原位标注的底部附加非贯通筋与集中标注的底部贯通纵筋,宜采用"隔一布一"的方式布置,即柱下板带或跨中板带底部附加非贯通筋与贯通纵筋交错插空布置,其标注间距与底部贯通纵筋相同。

(2)注写修正内容。当在柱下板带、跨中板带上集中标注的某些内容(如截面尺寸、底部与顶部贯通纵筋等)不适用于某跨或某外伸部分时,则将修正的数值原位标注在该跨或该外伸部位,施工时优先取用原位标注。

2.平板式筏形基础平板的平法识图

平板式筏形基础平板的平面标注分板底部与顶部贯通纵筋的集中标注与板底部附加非贯通纵筋的原位标注两部分内容。当仅设置底部与顶部贯通纵筋而未设置底部附加非贯通筋时,则仅进行集中标注。

1)平板式筏形基础平板的集中标注

(1)标注编号。

(2)标注截面尺寸。标注 $h = × × ×$,表示板厚。

(3)标注底部与顶部贯通纵筋及其总长度。先标注 X 向底部(B 打头)贯通纵筋与顶部(T 打头)贯通纵筋及纵向长度范围;再标注 Y 向底部(B 打头)贯通纵筋与顶部(T 打头)贯通纵筋及纵向长度范围(图面从左至右为 X 向,从下至上为 Y 向)。

2)平板式筏形基础平板的原位标注

平板式筏形基础平板的原位标注,主要为表示横跨柱中心线下的板底部附加非贯通纵筋。具体规定如下:

(1)原位标注位置及内容。板底部原位标注的附加非贯通纵筋,应在配置相同跨的第一跨表达,垂直于柱中线绘制一段中粗虚线,再在虚线上标注编号(如①、②等)、配筋值、横向布置的跨数及是否布置到外伸部位。

当柱中心线下的底部附加非贯通纵筋沿柱中心线连续若干跨配置相同时,则在该连续跨的第一跨下原位标注,并将同规格配筋连续布置的跨数写在括号内,当有些跨配置不同时,则应分别原位标注,外伸部分的底部附加非贯通纵筋应单独标注。

当底部附加非贯通纵筋横向布置在跨内有两种不同间距的底部贯通纵筋区域时,其间距分别对应两种,标注形式应与贯通纵筋保持一致,即先标注跨内两端的第一种间距,并在前面标注纵筋根数,再标注跨中部的第二种间距,两者用"/"隔开。

(2)当某些柱中心线下的基础平板底部附加非贯通纵筋横向配置相同时,可仅在一条中心线下进行原位标注,并在其他柱的中心线上进行说明。

第六节 筏形基础钢筋构造三维图解与计算

筏形基础需要计算的钢筋根据其位置和功能不同,主要有梁板式筏形基础主梁、次梁、基础平板钢筋和平板式筏形基础平台钢筋。

一、梁板式筏形基础构造类型

按有无外伸分:

(1)端部无外伸构造;

(2)端部外伸构造。

按截面变化形式分:

(1)无变截面构造;

(2)板顶有高差构造;

(3)板顶、板底均有高差构造;

(4)板底有高差构造。

1. 基础主梁端部外伸构造

基础主梁端部外伸构造如图 6-34 所示。基础主梁端部外伸钢筋构造如图 6-35 所示。

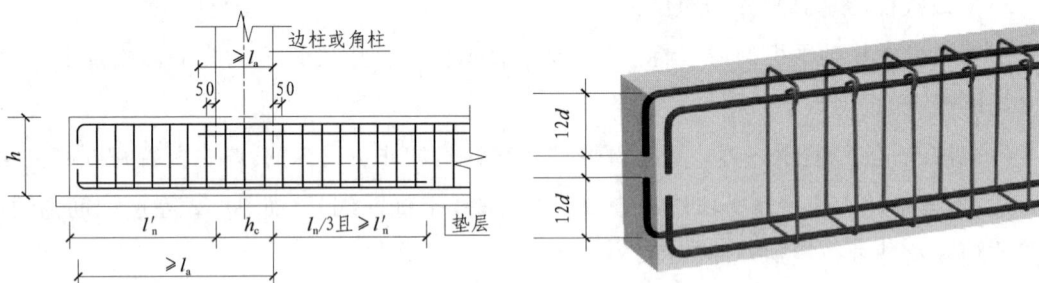

图 6-34　基础主梁端部外伸示意图

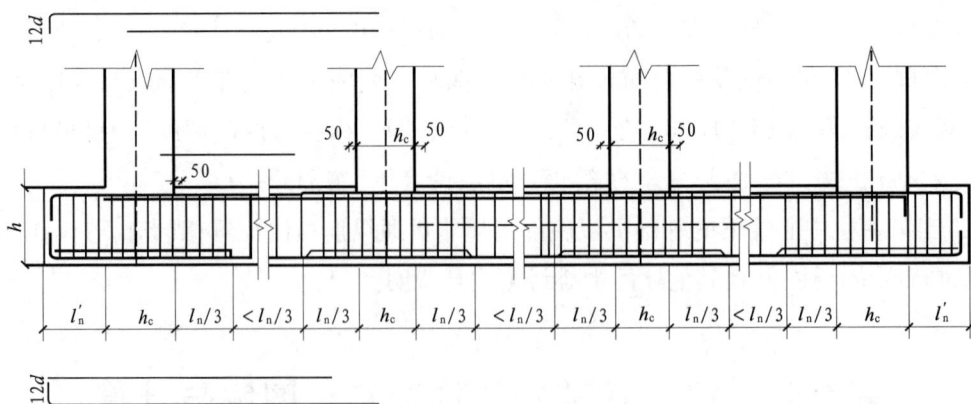

图 6-35　基础主梁外伸钢筋构造图

(1)梁上部第一排纵筋伸至梁端弯折,弯折长度为 $12d$;上部第二排纵筋伸入支座内,伸入长度为 l_a。

（2）梁下部第一排纵筋伸至梁端弯折$12d$，第二排伸至梁端，不加弯折。

钢筋长度计算公式如下：

$$上部第一排贯通筋长度 = 梁长 - 保护层厚度 \times 2 + 12d \times 2$$

$$上部第二排贯通筋长度 = 边柱内边长 + 2 \times l_a$$

$$下部贯通筋长度 = 梁长 - 保护层厚度 \times 2 + 12d \times 2$$

$$下部非贯通筋长度（边跨）= l'_n + h_c + l_n/3$$

$$下部非贯通筋长度（中间跨）= l_n/3 + h_c + l_n/3$$

l_n取两跨中的较大值，且$l_n/3 \geq l'_n$。

2. 基础主梁端部无外伸构造

基础主梁端部无外伸构造如图 6-36 所示，基础主梁端部无外伸钢筋构造如图 6-37 所示。

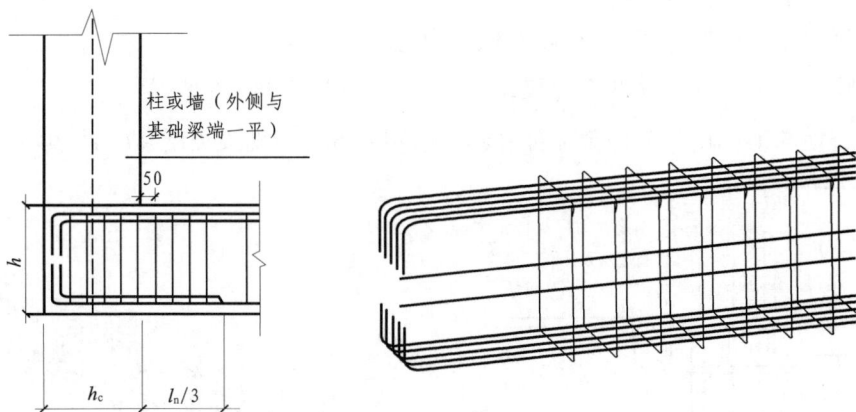

图 6-36　基础主梁端部无外伸构造示意图

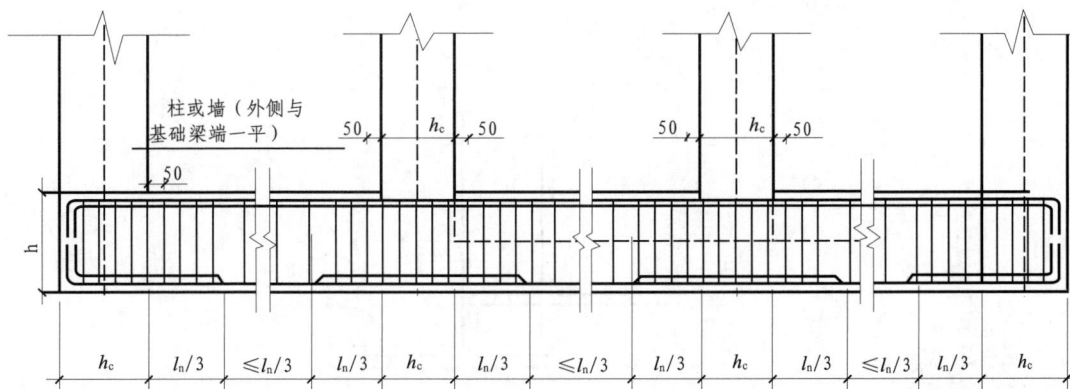

图 6-37　基础主梁端部无外伸钢筋构造图

（1）顶部纵筋伸至尽端钢筋内侧弯折$15d$，当伸入支座直段长度$\geq l_a$时，可不弯折。

（2）底部纵筋伸至钢筋内侧弯折$15d$，伸入支座水平段长度$\geq 0.6l_{ab}$。

钢筋长度计算公式如下：

$$上下贯通筋长度 = 梁长 - 保护层厚度 \times 2 + 15d \times 2$$

$$下部非贯通筋长度(边跨) = l_n/3 + h_c - 保护层厚度 + 15d$$

$$下部非贯通筋长度(中间跨) = l_n/3 + h_c + l_n/3$$

l_n 取相邻两跨中的较大值。

3. 基础主梁变截面变化构造及钢筋计算

16G101-3 图集在第 81 页列举了 5 种梁板式筏形基础梁截面构造变化情形，下面以最有代表性的梁顶有高差变化构造、梁顶梁底均有高差变化构造和梁宽不同构造变化为例，进行梁板式筏形基础平板标高变化构造及钢筋长度计算分析。

1) 梁顶标高不同时钢筋构造（图 6-38）

（1）下部纵筋连续通过支座。

（2）低跨上部纵筋伸入支座内，伸入长度为 l_a。

（3）高跨上部第一排纵筋伸至边缘向下弯折，弯折长度伸入低跨内 l_a。

（4）高跨顶部第二排钢筋伸至端部，向内侧弯折 $15d$，当直段长度 $\geq l_a$ 时，可不弯折。

视频讲解

基础主梁变截面
钢筋构造

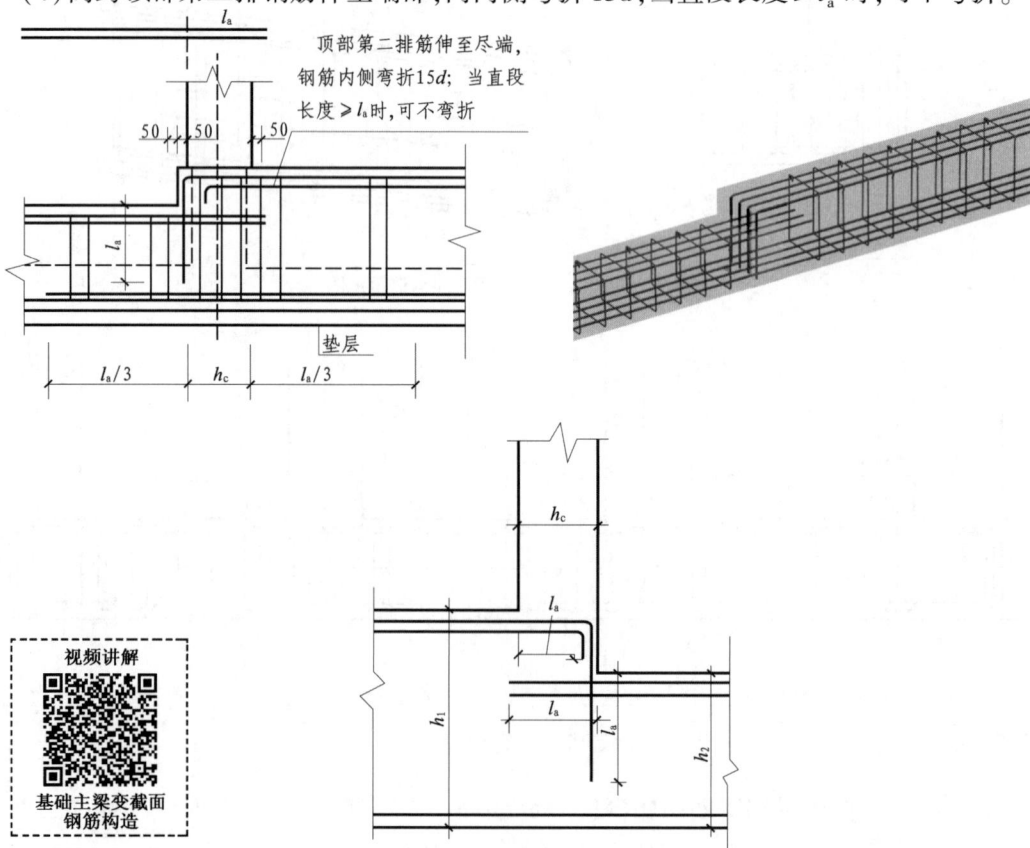

图 6-38　基础主梁梁顶有高差构造图

钢筋长度计算公式如下：

$$下部纵筋长度 = 梁长 - 保护层厚度 \times 2$$

$$低跨上部纵筋长度 = 低梁长 - 保护层厚度 + l_a$$

$$高跨上部第一排纵筋长度 = 高梁长 - 保护层厚度 \times 2 + l_a$$

$$高跨顶部第二排纵筋长度 = 高梁长 - 保护层厚度 \times 2 + 15d$$

2）梁底和梁顶均有高差时钢筋构造（图 6-39）

（1）上部第一排钢筋的锚固长度为 $h_c - bh_c + c(高差) + l_a$，弯折长度为 $c(高差) + l_a$。

（2）上部第二排纵筋伸至对边弯折 $15d$，当直段长度 $\geq l_a$ 时，可不弯折。

（3）下部纵筋应伸入支座 l_a。

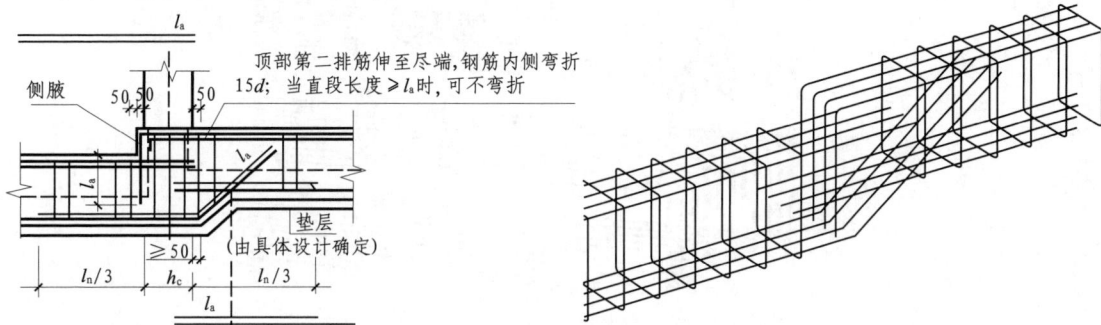

图 6-39 基础主梁底、梁顶均有高差构造示意图

钢筋长度计算公式如下：

$$上部第一排钢筋长度 = 高跨梁长 - 保护层厚度 \times 2 + 梁高差 - 保护层厚度 + l_a$$

3）梁底标高不同时钢筋构造

梁底标高不同时，参照梁底和梁顶均有高差钢筋构造中下部钢筋的计算。

4）梁宽不同时钢筋构造（图 6-40）

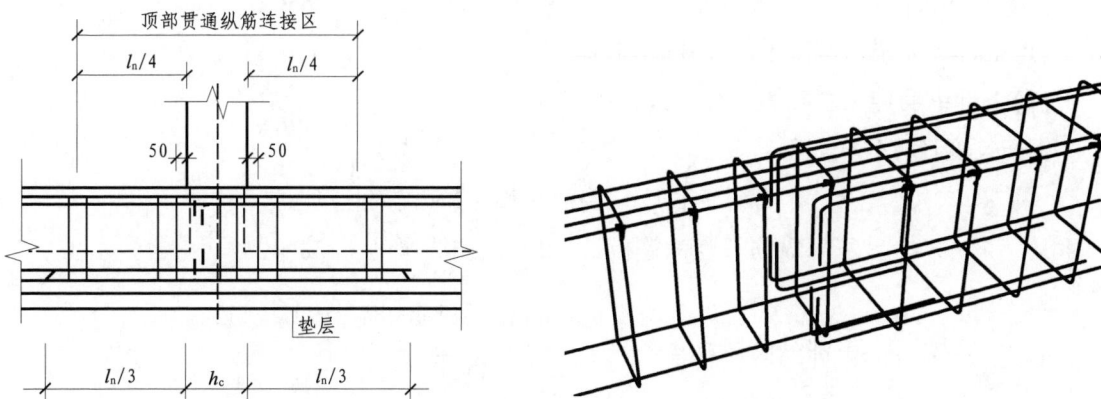

图 6-40 柱两边梁宽不同钢筋构造示意图

（1）宽出部位顶部纵筋伸至尽端钢筋内侧弯折 $15d$，当直段长度 $\geq l_a$ 时可不弯。

（2）宽出部位底部纵筋伸至尽端钢筋内侧弯折 $15d$，伸入支座内平直段长度 $\geq 0.6 l_{ab}$。

钢筋长度计算公式如下：

$$宽出部位顶部、底部纵筋长度 = 宽梁长 - 保护层厚度 \times 2 + 左右弯折长度$$

4. 梁板式筏形基础平板

梁板式筏形基础平板分基础平板外伸构造和基础平板无外伸构造两种形式。

1) 基础平板外伸构造(图6-41)

(1) 基础上下部纵筋伸至外伸边缘弯折,弯折长度为 $12d$。

(2) 第一根受力钢筋距基础梁边的距离为 $s/2$ 且不大于 75mm。

(3) 中间层纵筋伸至边缘弯折 $12d$。

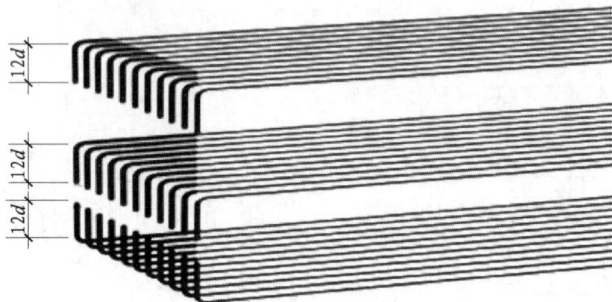

图6-41 梁板式筏形基础平板外伸构造三维示意图

钢筋长度计算公式如下：

$$上下部纵筋长度 = 筏板长 - 2 \times 保护层厚度 + 12d \times 2$$

$$根数 = \frac{板净宽 - \min\left(\frac{1}{2}板筋间距, 75\right) \times 2}{间距} + 1$$

2) 梁板式筏形基础平板无外伸构造(图6-42)

(1) 上部纵筋锚入基础梁内为：$\max(12d, 梁宽/2)$。

(2) 下部纵筋伸至基础梁边缘弯折,弯折长度为 $15d$。

钢筋长度计算公式如下：

$$上部纵筋长度 = 筏板净长 + 2 \times 锚固长度$$

$$下部纵筋长度 = 筏板长 - 2 \times 保护层厚度 + 15d \times 2$$

$$上、下部纵筋根数 = \frac{板净宽 - \min\left(\frac{1}{2}板筋间距, 75\right) \times 2}{间距} + 1$$

5. 梁板式筏形基础平板标高变化构造

16G101-3 图集第89页列举了3种截面构造变化情形,下面我们以最有代表性的板顶、板底均有高差变化构造为例,进行梁板式筏形基础平板标高变化构造及钢筋计算分析(图6-43)。

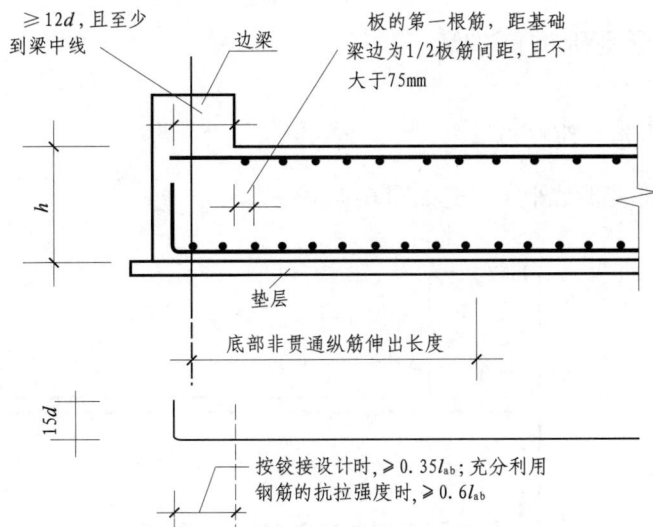

图 6-42 梁板式筏形基础平板无外伸构造图

（1）高跨上部纵筋伸至尽端，钢筋内侧弯折 $15d$；

（2）高跨下部纵筋锚入低跨基础内 l_a；

（3）低跨下部纵筋锚入高跨基础内 l_a。

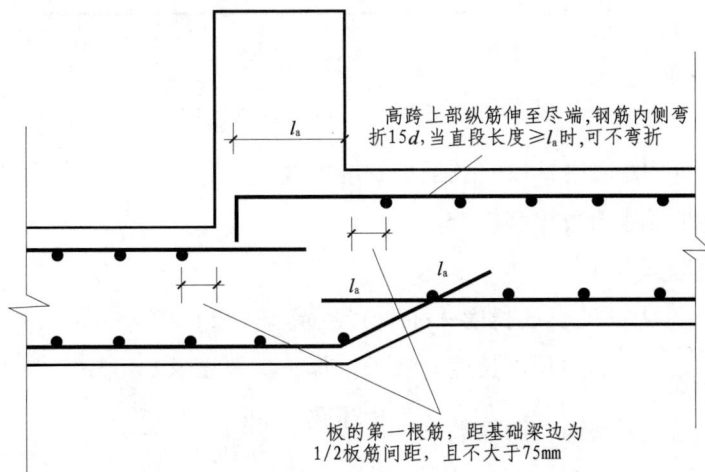

图 6-43 梁板式筏形基础平板标高变化构造图

钢筋长度计算公式如下：

$$高跨上部纵筋长度 = 板净长 - 保护层厚度 \times 2 + l_a + 15d$$

$$低跨下部纵筋长度 = 板净长 - 保护层厚度 \times 2 + 斜长段长 + l_a$$

$$上、下部纵筋根数 = \frac{筏板净长 - \min(s/2,75) \times 2}{间距} + 1$$

基础次梁与基础主梁的钢筋构造和计算原理一致，在此不重复讲解。

二、平板式筏形基础钢筋构造

1. 平板式筏形基础无外伸构造

平板式筏形基础端部无外伸构造如图 6-44 所示。

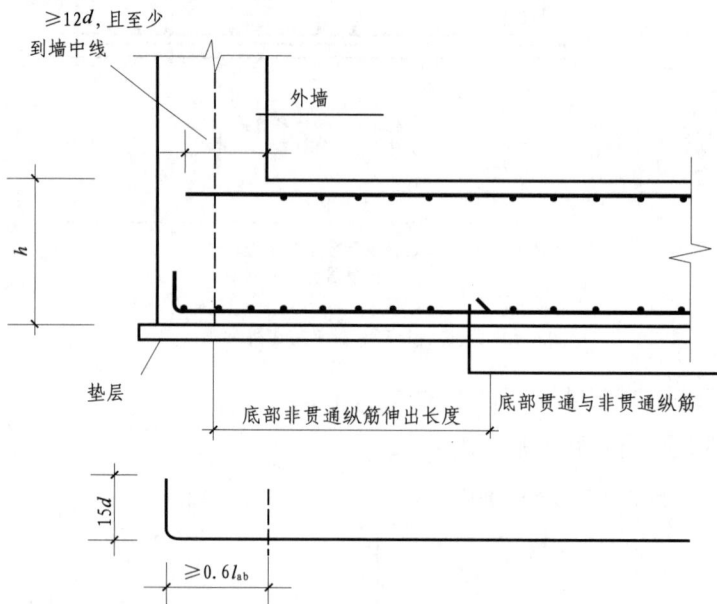

图 6-44 平板式筏形基础端部无外伸构造

(1)上部纵筋伸至外墙内≥12d,且至少到墙中线。

(2)下部纵筋伸至基础边缘弯折 15d。

钢筋长度计算公式如下:

$$上部通长筋长度 = max(12d,墙宽 1/2) \times 2 + 净长$$

$$下部通长筋长度 = 板长 - 保护层厚度 \times 2 + 15d$$

$$上、下部通长筋根数 = \frac{筏板净宽 - min(s/2,75) \times 2}{间距} + 1$$

2. 平板式筏形基标高变化构造

16G101-3 图集在第 92 页列举了 3 种截面构造变化情形,下面我们以最有代表性的板顶、板底均有高差变化构造为例,进行平板式筏形基础平板标高变化构造(图 6-45)及钢筋计算分析(图 6-46)。

(1)高跨上部纵筋伸至高跨基础边缘弯折,弯折长度 = 板高差 - 保护层厚度 + l_a。

(2)低跨上部纵筋锚入高跨基础内 l_a。

(3)高跨下部纵筋锚入对边板内 l_a。

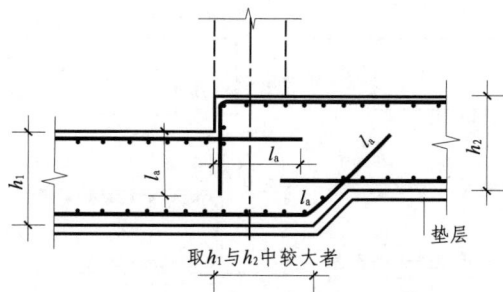

图 6-45 平板式筏形基础板顶、板底均有高差构造图

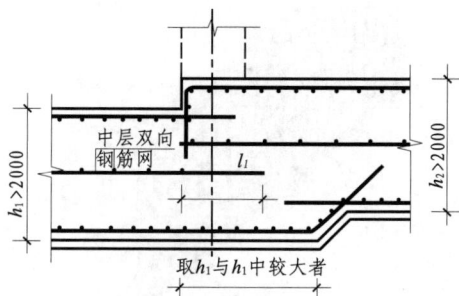

图 6-46 平板式筏形基础板顶、板底均有高差配筋构造示意图

（4）低跨下部纵筋高差斜长锚入对边板内 l_a。

钢筋长度计算公式如下：

$$高跨上部纵筋长度 = 板长 - 保护层厚度 \times 2 + (板高差 - 保护层厚度) + l_a$$

$$低跨上部纵筋长度 = 板净长 - 保护层厚度 + l_a$$

$$高跨下部纵筋长度 = 板净长 - 保护层厚度 + l_a$$

$$低跨下部纵筋长度 = 板净长 - 保护层厚度 \times 2 + 斜长段长度 + l_a$$

$$上、下部纵筋根数 = \frac{筏板净宽 - \min(s/2,75) \times 2}{间距} + 1$$

3.平板式筏形基础封边构造

平板式筏形基础封边构造如图 6-47 所示，U 形封边构造钢筋如图 6-48 所示。

（1）基础上、下部纵筋伸至基础边缘上下弯折，并相互交错 150mm。

（2）基础上、下部纵筋伸至基础边缘弯折 12d，并用 U 形筋封口，U 形封口封边筋两端直钩长度≥15d，且≥200mm。

钢筋长度计算公式如下：

$$第（1）种情况纵筋长度 = 板净长 - 保护层厚度 \times 2 + 150 \times 2$$

$$第（2）种情况纵筋长度 = 板净长 - 保护层厚度 \times 2 + 12d \times 2$$

$$U 形封边构造筋长度 = 板厚 - 保护层厚度 \times 2 + \max(15d,200) \times 2$$

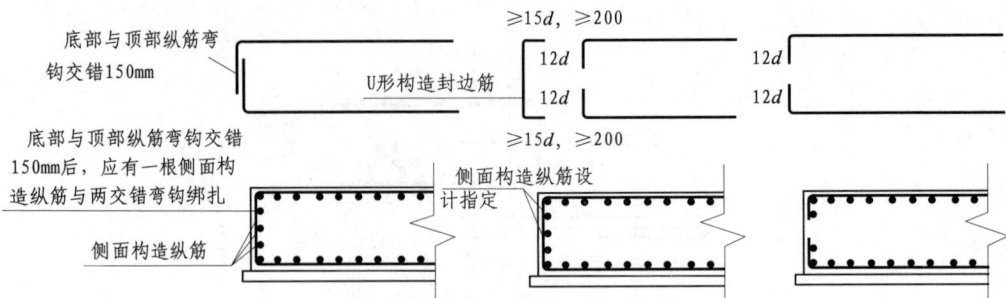

图 6-47　平板式筏形基础封边构造图

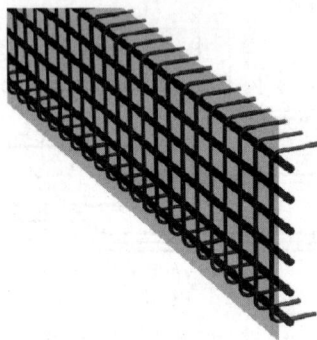

图 6-48　U 形封边构造筋

第七节　基础钢筋计算工程案例实训

一、梁板式筏形基础平板钢筋计算案例分析

【例 6-12】如图 6-49 所示,筏板无外伸构造,求横向钢筋的长度及根数。

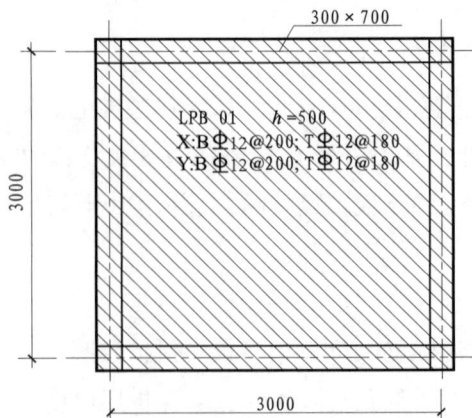

图 6-49　基础平板平面钢筋图(尺寸单位:mm)

假设基础梁尺寸为 300mm×700mm，基本参数见表 6-13。

基 本 参 数　　　　　　　　　　　　　　表6-13

混凝土强度等级	保护层厚度(mm)	抗 震 等 级	连 接 方 式
C30	40	非抗震	绑扎

上部通长筋长度 = 板净长 + $\max(12d, 梁宽/2) \times 2 = 3000 - 300 + \max(300/2, 12d) \times 2$

$\qquad = 2700 + 150 \times 2 = 3000\text{mm}$

根数 = [筏板长 - $\min(s/2, 75) \times 2$]/间距 + 1 = [2700 - $\min(180/2, 75) \times 2$]/180 + 1

$\qquad = (2700 - 150)/180 + 1 = 16\text{根}$

下部通长筋长度 = 筏板长 - 保护层厚度 ×2 + 15d ×2 = 3000 + 300 - 40 ×2 + 15d ×2

$\qquad = 3300 - 80 + 15 \times 12 \times 2 = 3580\text{mm}$

根数 = [筏板长 - 保护层厚度 ×2]/间距 + 1 = [2700 - 40 ×2]/200 + 1 = (2700 - 80)/

$\qquad 200 + 1 = 15\text{根}$

二、梁板式筏形基础次梁钢筋计算案例分析

【例6-13】 如图 6-50 所示，基本参数见表 6-13，求横向钢筋的长度。

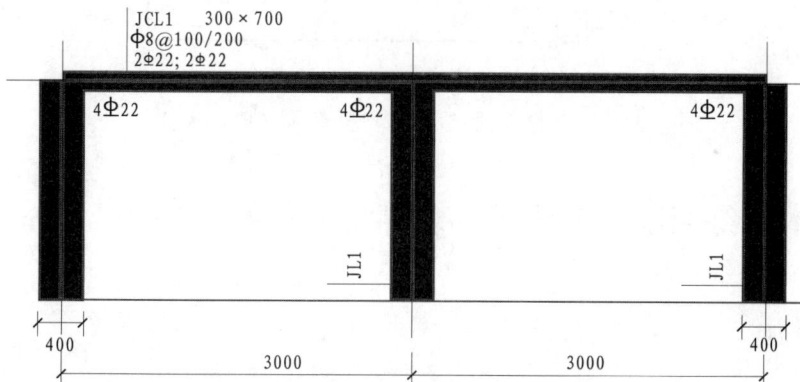

图6-50　基础次梁钢筋计算案例分析图(尺寸单位:mm)

上部钢筋长度 = 次梁总长 - 端支座宽 + $\max(12d, b/2) \times 2 = 5600 + \max(12 \times 22, 400/2)$

$\qquad \times 2 = 6128\text{mm}$

下部钢筋长度 = 次梁总长 - 保护层厚度 ×2 + 15d ×2 = 6400 - 40 ×2 + 15 ×22 ×2

$\qquad = 6980\text{mm}$

端支座筋 = $l_n/3$ + 端支座宽 - 保护层厚度 + 15d = 2600/3 + 400 - 40 + 15 ×22 = 1557mm

中间支座筋 = $l_n/3 \times 2$ + 中间支座宽 = 2600/3 ×2 + 400 = 2133mm

三、平板式筏形基础钢筋计算案例分析

【例6-14】 如图 6-51 所示，平板式筏形基础，端部无外伸构造，基本参数见表 6-13，求横

向钢筋及封边筋的长度(封边筋直径22mm)。

上部通长筋长度 = 左锚入长度 + 净长 + 右锚入长度 = $\max(12 \times 25, 500/2) \times 2 +$

$(6000 - 500) = 600 + 5500 = 6100\text{mm}$

下部通长筋长度 = 左锚入长度 + 净长 + 右锚入长度 = $(500 - 40) \times 2 + 6000 - 500 +$

$15 \times 22 \times 2 = 920 + 5500 + 660 = 7080\text{mm}$

U 形封边钢筋长度 $= H - 2 \times$ 保护层厚度 $+ \max(15d, 200) \times 2$

$= 800 - 80 + 2 \times 15 \times 22 = 1380\text{mm}$

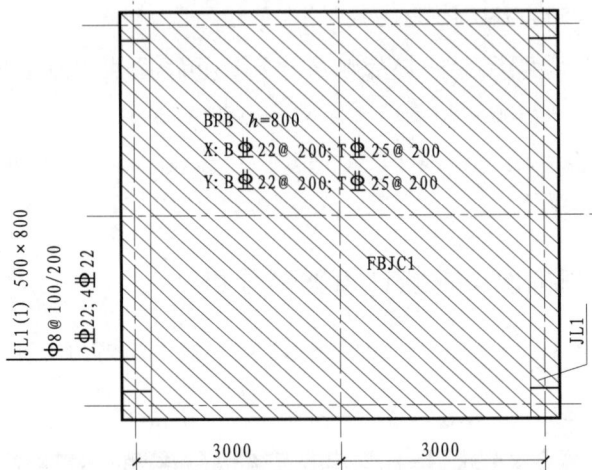

图 6-51　平板式筏形基础封边钢筋图(尺寸单位:mm)

本章练习题(练习题答案请登录 www.11g101.com)

一、判断题

1. 以下为梁板式筏形基础平板的钢筋标注:

　X:B⊈22@150;　　　　T⊈20@150;(5B)

　Y:B⊈20@200;　　　　T⊈18@200;(7A)

(1)X 表示基础平板 X 向底部配置。　　　　　　　　　　　　　　　　　　　(　　)

(2)顶部配置⊈22 间距 150mm 的贯通纵筋。　　　　　　　　　　　　　　　(　　)

(3)纵向总长度为 5 跨两端有外伸。　　　　　　　　　　　　　　　　　　　(　　)

(4)Y 向底部配置⊈20 间距 200mm 的贯通纵筋。　　　　　　　　　　　　　(　　)

(5)顶部配置⊈18 间距 200mm 的贯通纵筋。　　　　　　　　　　　　　　　(　　)

(6)纵向为 7 跨两端有外伸。　　　　　　　　　　　　　　　　　　　　　　(　　)

2. 梁板式条形基础适用于钢筋混凝土框架结构、框架-剪力墙结构、部分框支剪力墙结构

和钢结构。　　　　　　　　　　　　　　　　　　　　　　　　　　（　　）

3. 板式条形基础适用于钢筋混凝土剪力墙结构和砌体结构。　　　　（　　）

4. 基础梁 JL 的平面注写方式,分集中标注、截面标注、列表标注和原位标注四部分内容。

　　　　　　　　　　　　　　　　　　　　　　　　　　　　　（　　）

5. 当具体设计仅采用一种箍筋间距时,需标注钢筋级别、直径、间距与肢数(箍筋肢数写在括号内)。　　　　　　　　　　　　　　　　　　　　　　　　　（　　）

6. 当同排纵筋有两种直径时,用“,”将两种直径的纵筋相连。　　　　（　　）

7. 当梁端(柱下)区域的底部全部纵筋与集中标注过的底部贯通纵筋相同时,可不再重复作原位标注。　　　　　　　　　　　　　　　　　　　　　　　　　（　　）

8. 筏形基础是建筑物与地基紧密接触的平板形基础结构,根据构造的不同,又分为梁板式筏形基础和平板式筏形基础。　　　　　　　　　　　　　　　　　　（　　）

9. 平板式筏形基础是没有基础梁的筏形基础,构件编号为 LPB。　　　（　　）

10. 无基础梁平板式筏形基础的配筋,分为柱下板带(ZXB)、跨中板带(KZB)两种配筋标注方式。　　　　　　　　　　　　　　　　　　　　　　　　　　（　　）

二、选择题

1. 普通独立基础底板的截面形状通常有两种,下列正确的是(　　　　)。

A. $DJ_J \times \times$ 和 $DJ_P \times \times$ 　　　　　　　B. $J_P \times \times$ 和 $DJ_J \times \times$

C. $JJ_P \times \times$ 和 $PD_J \times \times$ 　　　　　　　D. $LJ_P \times \times$ 和 $LP_J \times \times$

2. 当杯口独立基础为阶形截面时,其竖向尺寸分两组,一组表达杯口内,另一组表达杯口外,下列表达正确的是(　　　　)。

A. $b_0/a_1, h_1/h_2$ 　　　　　　　　　　B. $a_0/a_1, h_1/h_2$

C. $c_0/a_1, h_1/h_2$ 　　　　　　　　　　D. $a_0/a_1, h_0/h_2$

3. T:$\oplus 18@100/\oplus 10@200$,表示独立基础顶部配置纵向受力钢筋等级为(　　　　)。

A. HRB400 　　　　　　　　　　　　B. HPB300

C. HRB500 　　　　　　　　　　　　D. HRB350

4. 增设梁底部架立筋以固定箍筋,采用(　　　　)符号将贯通纵筋与架立筋相连。

A. 斜线“/” 　　　　　　　　　　　　B. 横线“－”

C. 加号“＋” 　　　　　　　　　　　　D. 分号“;”

5. 在梁板式筏形基础集中标注第四行中,G 表示(　　　　)。

A. 梁底部纵筋 　　　　　　　　　　　B. 梁抗扭腰筋

C. 梁箍筋 　　　　　　　　　　　　　D. 梁构造腰筋

6. 梁板式筏形基础组合形式,其主要由(　　)三部分构件构成。

　A. 基础平板、独立基础、基础梁

　B. 基础主梁、基础次梁、基础平板

　C. 基础次梁、基础主梁、柱

　D. 基础平板、基础主梁、柱

7. 如果在梁板式筏形基础集中标注第二行中,"Φ"前有"11"字样,则 11 表示为(　　)。

　A. 箍筋加密区的箍筋道数是 11 道　　　　B. 第 11 号梁

　C. 箍筋直径　　　　　　　　　　　　D. 箍筋间距

8. 以 G 打头注写承台梁侧面对称设置的纵向构造钢筋的总配筋值,当梁腹板净高(　　),根据需要配置。

　A. $h_w \geqslant 400\text{mm}$ 时　　　　　　　　B. $h_w \geqslant 350\text{mm}$ 时

　C. $h_w \geqslant 450\text{mm}$ 时　　　　　　　　D. $h_w \geqslant 500\text{mm}$ 时

9. 当梁底部或顶部贯通纵筋多于一排时,用(　　)将各排纵筋自上而下分开。

　A. 斜线"/"　　　B. 分号";"　　　C. 逗号","　　　D. 加号"+"

10. 有梁式条形基础除了计算基础底板横向受力筋与分布筋外,还要计算梁的(　　)。

　A. 纵筋以及箍筋　　　　　　　　B. 箍筋和架立筋

　C. 纵筋和架立筋　　　　　　　　D. 负筋和纵筋

11. 无基础梁平板式筏形基础的配筋,分为(　　)。

　A. 柱下板带(ZXB)、跨中板带(KZB)和平板(BPB)三种配筋标注方式

　B. 柱下板带(ZXB)和跨中板带(KZB)两种配筋标注方式

　C. 平板(BPB)和跨中板带(KZB)两种配筋标注方式

　D. 柱下板带(ZXB)和平板(BPB)两种配筋标注方式

12. 基础主梁端部外伸构造(图6-52),梁上部第一排纵筋伸至梁端弯折,弯折长度为(　　)。

　A. $15d$　　　　B. $12d$　　　　C. $10d$　　　　D. l_a

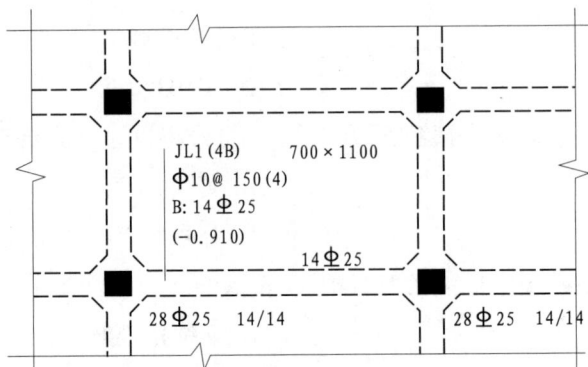

图6-52　梁板式筏形基础集中标注和原位标注示意图

三、填空题

图 6-52 中集中标注的内容:

第一行——基础主梁,代号为(　　)号;该梁为(　　)跨,主梁宽(　　),高(　　);

第二行——箍筋的等级为(　　),直径(　　),间距(　　),(　　)肢箍筋;

第三行——"B"是梁底部的(　　)筋,(　　)根(　　)钢筋,直径(　　);

第四行——梁的底面标高,比基准标高低(　　)。

四、计算题

某基础主梁配筋如图 6-53 所示,计算参数见表 6-14。求各跨(包括悬挑端)箍筋根数。

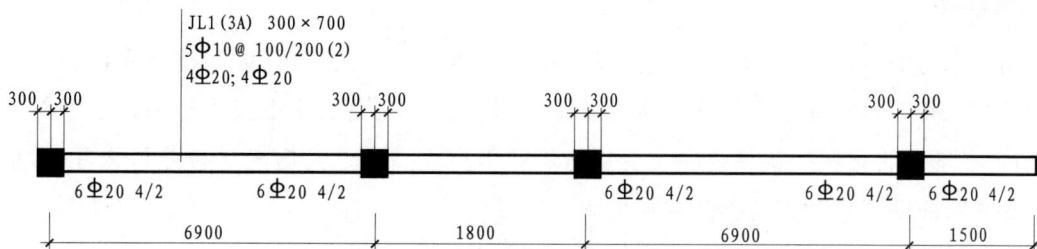

JL1(3A)　300×700
5Φ10@100/200(2)
4Φ20; 4Φ20

300 300　　300 300　　300 300　　300 300

6Φ20 4/2　　6Φ20 4/2　　6Φ20 4/2　　6Φ20 4/2　　6Φ20 4/2

6900　　1800　　6900　　1500

图 6-53　基础主梁配筋示意图(尺寸单位:mm)

基 本 参 数　　表 6-14

混凝土强度等级	保护层厚度(mm)	抗 震 等 级	定尺长度(mm)	连 接 方 式
C30	40	非抗震	9000	绑扎

拓展知识

梁板式筏形基础
次梁钢筋计算

第七章　楼梯平法识图与钢筋长度计算

教学课件

本章重点

本章重点讲解现浇混凝土板式楼梯的平面标注方式、剖面标注方式以及列表标注方式，同时对板式楼梯底部钢筋、高端支座负筋、低端支座负筋以及各类楼梯中相应的分布筋进行了三维展示，并列出了底部受力钢筋、支座负筋、分布钢筋长度和根数的计算公式。

教学目标

通过本章的学习，学生能熟悉现浇混凝土板式楼梯的平法识图，能掌握板式楼梯平法施工图的制图规则和标注方式。学生通过三维视图能掌握现浇混凝土板式楼梯内主要钢筋的布置，并能理解记忆板式楼梯内各主要钢筋的计算公式。通过案例实训和习题练习，学生能具备楼梯的平法识图和钢筋计算实操能力。

建议学时

4 学时。

建议教学形式

配套使用 16G101-2 图集和本书所配钢筋平法多媒体教学系统课件、视频。

第一节　板式楼梯平法识图

现浇混凝土板式楼梯平法施工图有平面标注、剖面标注和列表标注三种表达方式。

一、楼梯类型

16G101-2 图集楼梯包含 11 种类型，见表 7-1。

楼 梯 类 型　　　　　　　　　　　　　　表 7-1

梯板代号	适 用 范 围		特　　征	示意图所在图集位置
	抗震构造措施	适用结构		
AT	无	框架、剪力墙、砌体结构	AT 型梯板全部由踏步段构成	16G101-2 第 11 页
BT			BT 型梯板由低端平板和踏步段构成	
CT	无	框架、剪力墙、砌体结构	CT 型梯板由踏步段和高端平板构成	16G101-2 第 12 页
DT			DT 型梯板由低端板、踏步板和高端平板构成	

续上表

梯板代号	适 用 范 围		特　征	示意图所在图集位置
	抗震构造措施	适用结构		
ET	无	框架、剪力墙、砌体结构	ET 型梯板由低端踏步段、中位平板和高端踏步段构成	16G101-2 第 13 页
FT			FT 型梯板由层间平板、踏步段和楼层平板构成	
GT	无	框架结构	GT 型梯板由层间平板、踏步段和楼层平板构成	16G101-2 第 14 页
HT		框架、剪力墙、砌体结构	HT 型梯板楼梯由层间平板和踏步段构成	
ATa	有	框架结构	ATa 型为带滑动支座的板式楼梯,梯板全部由踏步段构成,低端滑动支座支承在梯梁上	16G101-2 第 15 页
ATb			ATb 型为带滑动支座的板式楼梯,梯板全部由踏步段构成,低端滑动支座支承在梯梁挑板上	
ATc			ATc 型梯板全部由踏步段构成,其支承方式为梯板两端均支承在梯梁上	

二、板式楼梯平面标注方式

板式楼梯平面标注方式是指在楼梯平面布置图上标注截面尺寸和配筋具体数值来表达楼梯施工图,包括集中标注和外围标注两部分内容。

视频讲解

楼梯类型及主要特征

1. 楼梯集中标注

楼梯集中标注的内容有五项,具体规定如下:

(1)梯板类型代号与序号,如 AT××。

(2)梯板厚度,标注 $h = ×××$。当为带平板的梯板且梯段板厚度和平板厚度不同时,可在梯段板厚度后面括号内以 P 打头标注平板厚度,例如,$h = 100（P120）$,100 表示梯段板厚度,120 表示梯板平板段的厚度。

(3)踏步段总高度和踏步级数之间以"/"分隔。

(4)梯板支座上、下部纵筋之间以";"分隔。

(5)梯板分布筋,以 F 打头标注配筋值。

下面以 AT 型楼梯举例介绍平面图中梯板类型及配筋的完整标注,如图 7-1 所示。

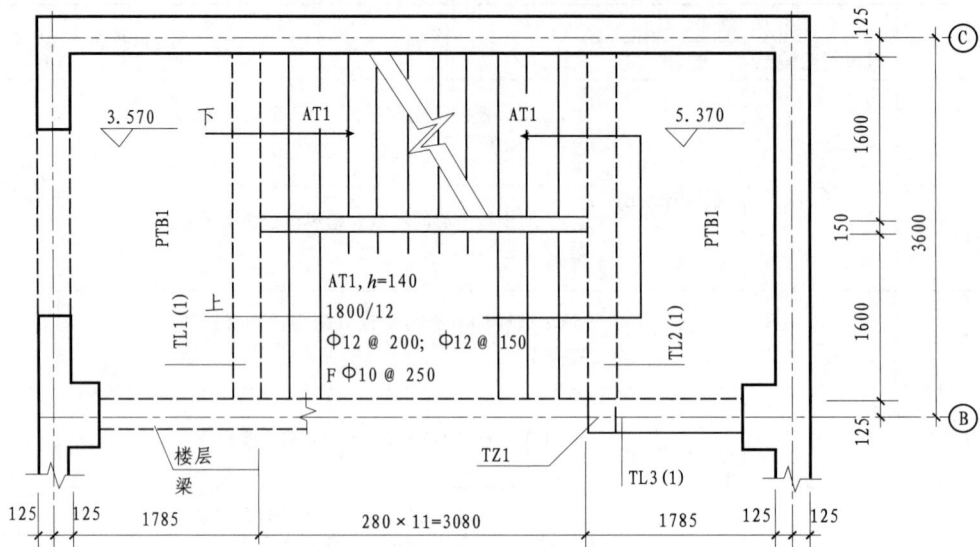

图 7-1 楼梯平面标注示意图(尺寸单位:mm)

图 7-1 中梯板类型及配筋的标注表达的内容如下:

AT1,$h=140$ 表示梯板类型及编号,梯板板厚。

1800/12 表示踏步段总高度/踏步级数。

$\phi 12@200$;$\phi 12@150$ 表示上部纵筋;下部纵筋。

$F\phi 10@250$ 表示梯板分布筋。

2. 楼梯外围标注

楼梯外围标注的内容包括楼梯间的平面尺寸、楼层结构标高、层间结构标高、楼梯的上下方向、梯板的平面几何尺寸、平台板配筋、梯梁及梯柱配筋等。

三、楼梯的剖面标注方式

(1)剖面标注方式是指在楼梯平法施工图中绘制楼梯平面布置图和楼梯剖面图,标注方式分平面标注、剖面标注两部分。

(2)楼梯平面布置图标注内容包括楼梯间的平面尺寸、楼层结构标高、层间结构标高、楼梯的上下方向、梯板的平面几何尺寸、梯板类型及编号、平台板配筋、梯梁及梯柱配筋等。

(3)楼梯剖面图标注内容包括梯板集中标注、梯梁及梯柱编号、梯板水平及竖向尺寸、楼层结构标高、层间结构标高等。

楼梯的剖面标注如图 7-2 所示。

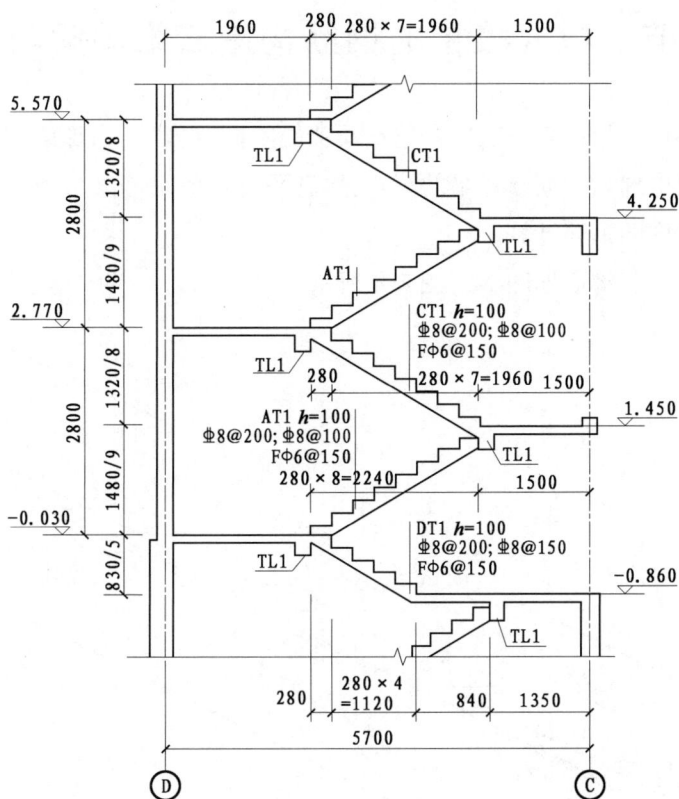

图7-2 楼梯剖面标注示例图（尺寸单位:mm）

四、楼梯列表标注方式

（1）列表标注方式是指用列表标注梯板截面尺寸和配筋具体数值的方式来表达楼梯施工图。

（2）列表标注方式的具体要求同剖面标注方式,仅将剖面标注方式中的梯板配筋标注项改为列表标注项即可。

梯板列表格式见表7-2。

梯板几何尺寸和配筋表   表7-2

梯板类型编号	踏步段总高度/踏步级数	板厚 h	上部纵向钢筋	下部纵向钢筋	分 布 筋

143

第二节　板式楼梯的钢筋构造三维图解与计算

　　板式楼梯需要计算的钢筋按照所在位置及功能不同,可以分为梯梁钢筋、休息平台板钢筋、梯板段钢筋,其中梯梁钢筋参考梁的算法,休息平台板的钢筋参考板的算法,在此章节中只详细讲解梯板段内的钢筋计算。

　　楼梯板底部受力筋构造如图 7-3、图 7-4 所示。

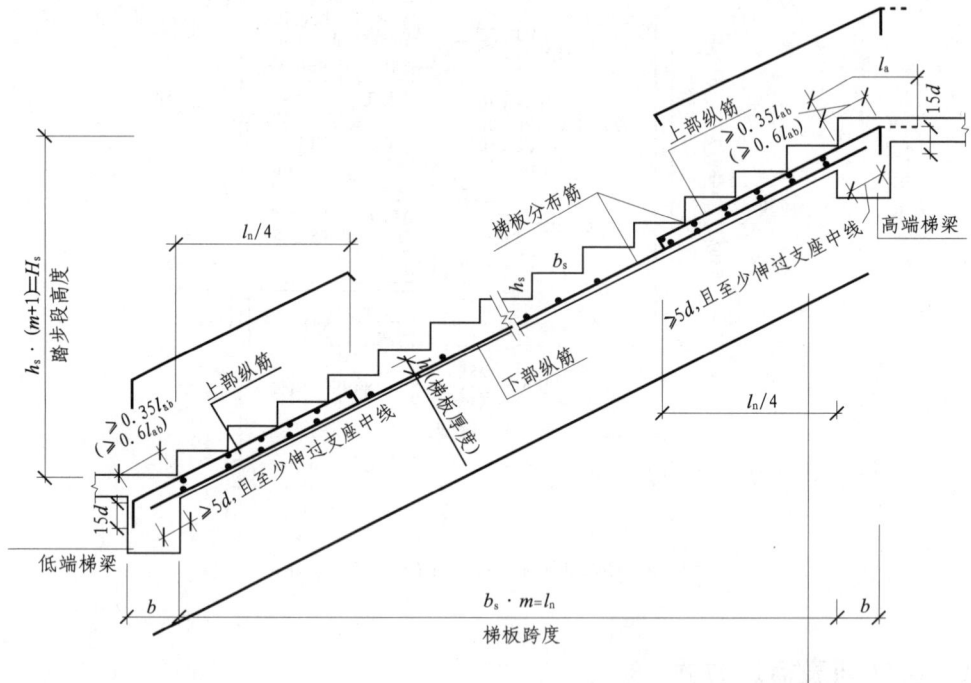

图 7-3　AT 型楼梯板底部纵筋构造

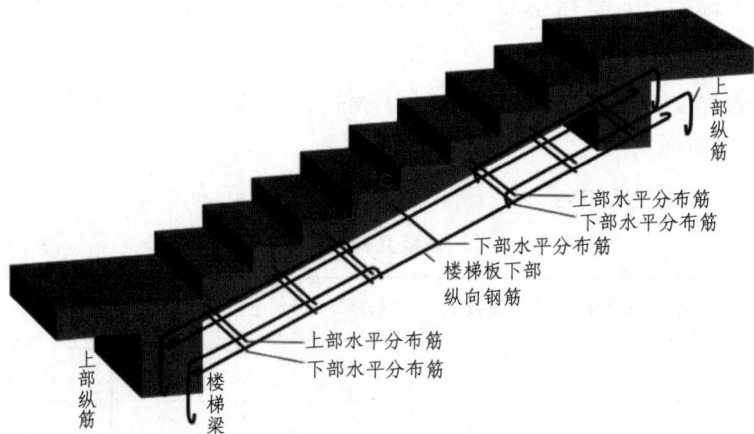

图 7-4　AT 型楼梯板底部纵筋构造三维示意图

1. 梯板底受力筋长度计算(图 7-5、表 7-3)

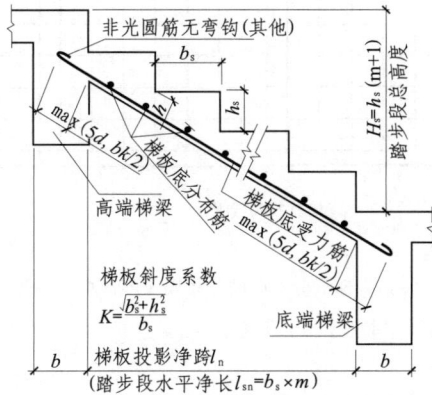

图 7-5　AT 楼梯梯板受力筋计算示意图

梯板底受力筋长度计算表　　　　　　　　　　　　　　表 7-3

梯板底受力筋长度 = 梯板投影净长 × 斜度系数 + 伸入左端支座内长度 + 伸入右端支座内长度 + 弯钩长度 ×2				
梯板投影净长	斜度系数	伸入左端支座长度	伸入右端支座长度	弯钩长度
l_n	$K = \sqrt{(b_s^2 + h_s^2)} / b_s$	$\max(5d, bk/2)$	$\max(5d, bk/2)$	$6.25d$
梯板受力筋长度 $= l_n \cdot K + \max(5d, bk/2) \times 2 + 6.25d \times 2$(弯钩只有光圆钢筋有)				

2. 梯板底受力筋根数计算(表 7-4)

梯板底受力筋根数计算表　　　　　　　　　　　　　　表 7-4

梯板底受力筋根数 =(梯板净宽 – 保护层厚度 ×2)/受力筋间距 +1		
梯板净宽	保护层厚度	受力筋间距
k_n	c	s
梯板受力筋根数 $=(k_n - 2c)/s + 1$		

3. 梯板底分布筋长度计算(图 7-6、表 7-5)

梯板底分布筋长度计算表　　　　　　　　　　　　　　表 7-5

梯板底分布筋长度 =(梯板净宽 – 保护层厚度 ×2) + 弯钩长度 ×2		
梯板净宽	保护层厚度	弯钩
k_n	c	$6.25d$
梯板底分布筋长度 $= k_n - 2c + 6.25d \times 2$		

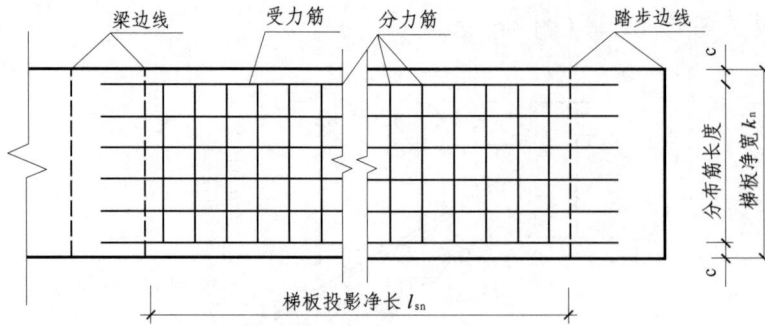

图 7-6 梯板受力筋的分布筋长度计算示意图

4. 梯板底分布筋根数计算(图 7-7、表 7-6)

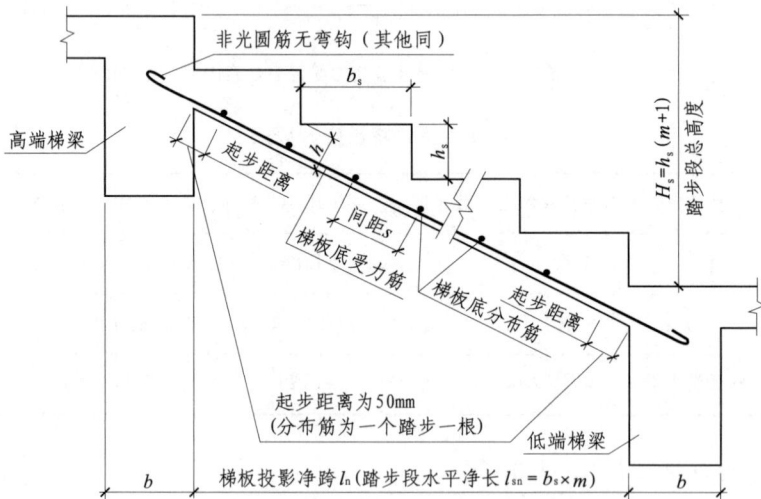

图 7-7 梯板受力筋的分布筋根数计算示意图

梯板底分布筋根数计算表   表 7-6

起步距离判断	梯板底分布筋根数 $=\dfrac{(\text{梯板投影净长}\times\text{斜度系数}-\text{起步距离}\times 2)}{\text{分布间距}}+1$			
	梯板投影净跨	斜度系数	起步距离	分布筋间距
起步距离为 50mm	l_n	K	50mm	s
	梯板分布筋根数 $=\dfrac{l_n\cdot K-50\times 2}{s}+1$（取整）			

5. 梯板顶支座负筋长度计算(图 7-8)

$$\text{低端支座负筋}=\frac{t_n}{4}\times K+0.35l_{ab}(\text{或 }0.6l_{ab})+15d+h-2\times\text{保护层厚度}$$

$$\text{高端支座负筋}=\frac{t_n}{4}\times K+l_a+15d+h-2\times\text{保护层厚度}$$

当总锚长不满足 l_a 时,可伸入支座对边向下弯折 $15d$,伸入支座内长度 $\geqslant 0.35 l_{ab}$(或 $\geqslant 0.6 l_{ab}$)

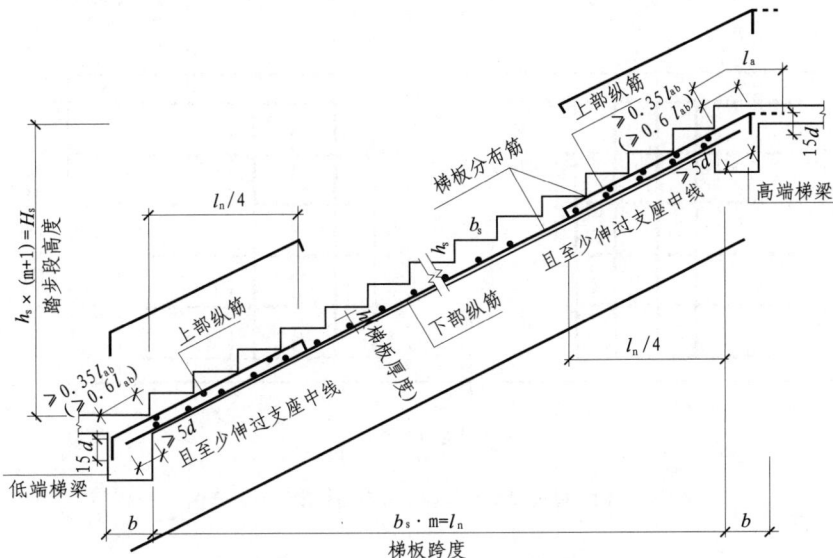

图 7-8　AT 型楼梯板配筋构造

6. 梯板顶支座负筋根数计算(图 7-9、表 7-7)

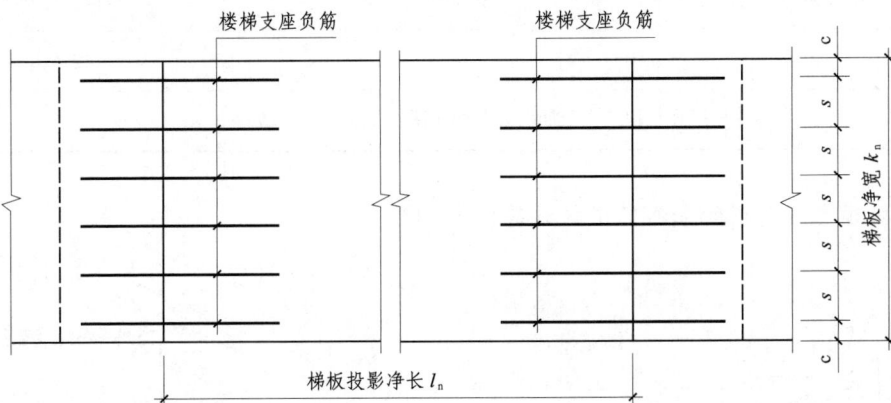

图 7-9　楼梯斜跑梯板支座负筋根数计算示意图

梯板顶支座负筋根数计算表　　　　　　　　　　表 7-7

梯板顶支座负筋根数 =(梯板净宽 − 保护层厚度×2)/受力筋间距 +1		
梯板净宽	保护层厚度	受力筋间距
k_n	c	s
梯板顶支座负筋根数 = $(k_n - 2c)/s + 1$(取整)		

7.梯板顶支座负筋的分布筋长度计算(图7-10、表7-8)

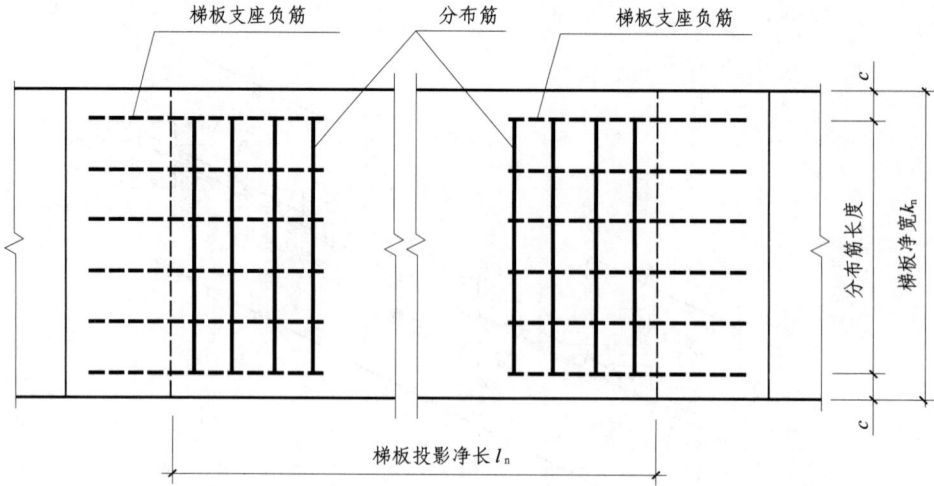

图7-10 梯板顶支座负筋的分布筋长度计算示意图

梯板顶支座负筋分布筋长度计算表 表7-8

梯板顶支座负筋的分布筋长度 =(梯板净宽 – 保护层厚度×2)+ 弯钩长度×2		
梯板净宽	保护层厚度	弯钩长度
k_n	c	$6.25d$
梯板顶支座负筋的分布筋长度 = $k_n - 2c + 6.25d \times 2$		

8.梯板顶支座负筋的分布筋根数计算(图7-11)

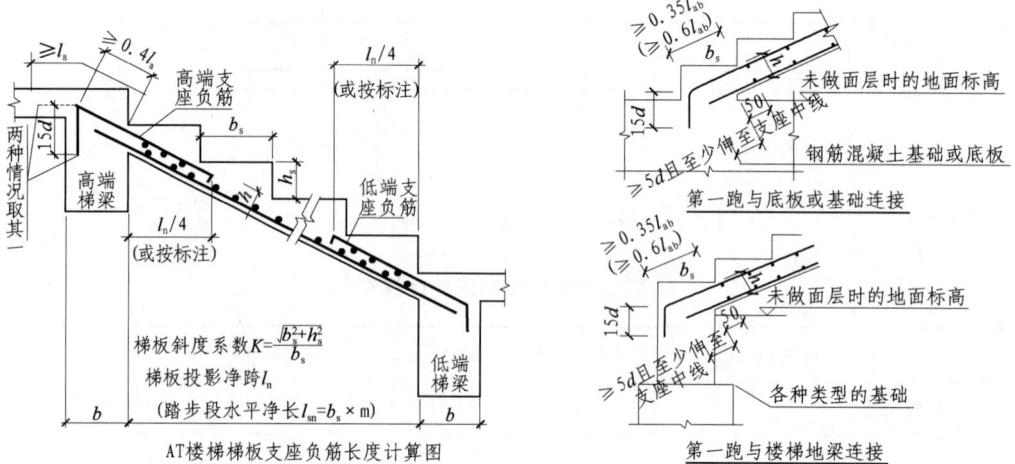

图7-11 AT型楼梯板支座负筋长度计算示意图

$$\frac{梯板顶单个支座负筋的}{分布筋根数} = \frac{支座负筋伸入板内直线投影长度 \times 斜度系数 - 起步距离}{支座负筋分布筋间距} + 1$$

第三节 板式楼梯钢筋计算工程案例实训

【**例 7-1**】如图 7-12 所示,设定楼梯宽 $b = 1800\text{mm}$,板厚 $h = 120\text{mm}$,踏步高 160mm,保护层厚度 15mm,混凝土强度等级 C30,支座负筋的分布筋起步距离 50mm,求支座负筋、支座分布筋长度及根数。

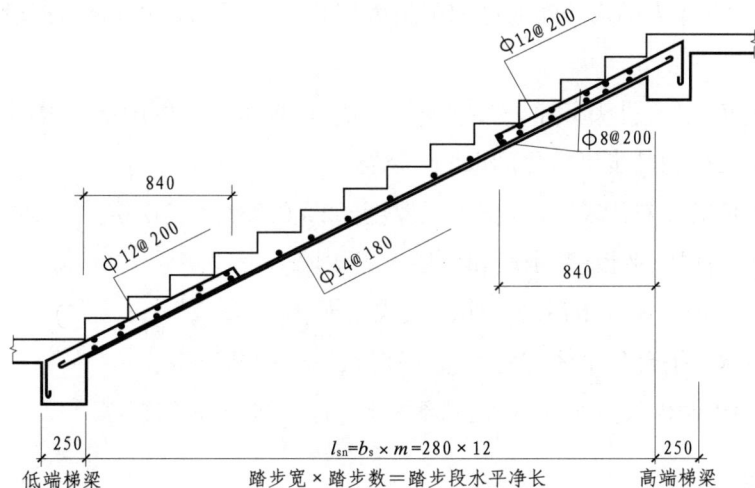

图 7-12 楼梯案例(尺寸单位:mm)

解: $K = \dfrac{\sqrt{280^2 + 160^2}}{280} = 1.152$

高端支座负筋长度 $= (l_n/4 + 250 - 15) \cdot K + h - b_{hc} \times 2 + 15d + 6.25d$

$\qquad\qquad\quad = (3360/4 + 235) \times 1.152 + 120 - 15 \times 2 + 15 \times 12 + 6.25 \times 12$

$\qquad\qquad\quad = 1583\text{mm}$

低端支座负筋长度 $= (l_n/4 + 250 - 15) \cdot K + h - b_{hc} \times 2 + 15d + 6.25d$

$\qquad\qquad\quad = (3360/4 + 250 - 15) \times 1.152 + 120 - 15 \times 2 + 15 \times 12 + 6.25 \times 12$

$\qquad\qquad\quad = 1583\text{mm}$

支座负筋根数与底板受力筋根数计算规则相同。

支座分布筋长度(同底板分布筋) $= 楼梯宽 - 2 \times b_{hc} + 2 \times 6.25d$

$\qquad\qquad\qquad\qquad\qquad = 1800 - 2 \times 15 + 2 \times 6.25 \times 8$

$\qquad\qquad\qquad\qquad\qquad = 1870\text{mm}$

$$支座分布筋根数 = \frac{l_n/4 \cdot K - 50}{间距} + 1 = (3360/4 \times 1.152 - 50)/200 + 1 = 6 \ 根$$

本章练习题(练习题答案请登录 www.11g101.com)

一、判断题

1. AT 型梯板全部由踏步段构成。 （　　）

2. DT 型梯板由低端平板、踏步板和高端平板构成。 （　　）

3. HT 型支撑方式为梯板一端的层间平板采用三边支承,另一端的梯板段采用单边支承(在梯梁上)。 （　　）

4. 梯板分布筋,以 F 打头标注分布钢筋具体值,该项可不在图中统一说明。 （　　）

5. 踏步段总高度和踏步级数之间以";"分隔。 （　　）

6. 低端支座负筋 = 斜段长 + h − 保护层厚度 ×2 + 0.35l_{ab}(或 0.6l_{ab}) + 15d。 （　　）

7. FT 型梯板由层间平板、踏步段和楼层平板构成。 （　　）

8. ATa 型 ATb 型楼梯为带滑动支座的板式楼梯。 （　　）

9. ATc 楼梯休息平台与主体结构可整体连接,也可脱开连接。 （　　）

10. ATc 型梯板两侧设置边缘构件,边缘构件的宽度取 1.8 倍板厚。 （　　）

二、选择题

1. 踏步段总高度和踏步级数之间以(　　　)。

    A. 以","逗号分隔　　　　　　　　　　　B. 以" + "加号分隔

    C. 以"/"斜线分隔　　　　　　　　　　　D. 以" − "横线分隔

2. 梯板分布筋以(　　　)打头标注。

    A. X　　　　　　　B. F　　　　　　　C. Y　　　　　　　D. P

3. 楼梯类型为 AT,序号 3,楼梯板厚 120 的楼梯集中标注第一行为(　　　)。

    A. AT3 $h = 120$　　　　　　　　　　　B. AT3 $F = 120$

    C. AT3 $L = 120$　　　　　　　　　　　D. AT3 $H = 120$

4. 楼梯外围标注的内容不包括(　　　)。

    A. 楼梯平面尺寸、楼层结构标高　　　　B. 梯板的平面几何尺寸

    C. 梯梁及梯柱配筋　　　　　　　　　　D. 混凝土强度等级

5. 楼梯集中标注第二行 2000/15 标注的内容是(　　　)。

    A. 踏步段总高度 2000/踏步级数 15

B. 上部纵筋和下部纵筋信息

C. 楼梯序号是 2000，板厚 15

D. 楼梯平面几何尺寸

6. ATc 型梯板两侧设置边缘构件(暗梁)，边缘构件的宽度取(　　)倍板厚。

A. 1. 8　　　　　　　B. 1. 10　　　　　　　C. 1. 5　　　　　　　D. 1. 2

7. FT 型支撑方式为(　　)。

A. 梯板一端的层间平板采用单边支承，另一端的楼层平板也采用单边支承

B. 梯板一端的层间平板采用三边支承，另一端的楼层平板也采用三边支承

C. 梯板一端的层间平板采用三边支承，另一端的楼层平板采用单边支承

D. 梯板一端的层间平板采用单边支承，另一端的楼层平板采用三边支承

8. ATa 型梯板低端带滑动支座，滑动支座支撑在(　　)上面。

A. 低端 T 梁上　　　　　　　　　　　　B. 梯梁的挑板上

C. 层间平台板上　　　　　　　　　　　D. 低端平板上

三、计算题

某楼梯板底部钢筋布置如图 7-13 所示，求底板受力筋和分布筋长度及根数。(设楼梯宽 1600mm，板厚 120mm，踏步宽 165mm，保护层厚度 15mm，混凝土强度等级 C30，分布筋起步距离 50mm，踏步高 150mm)

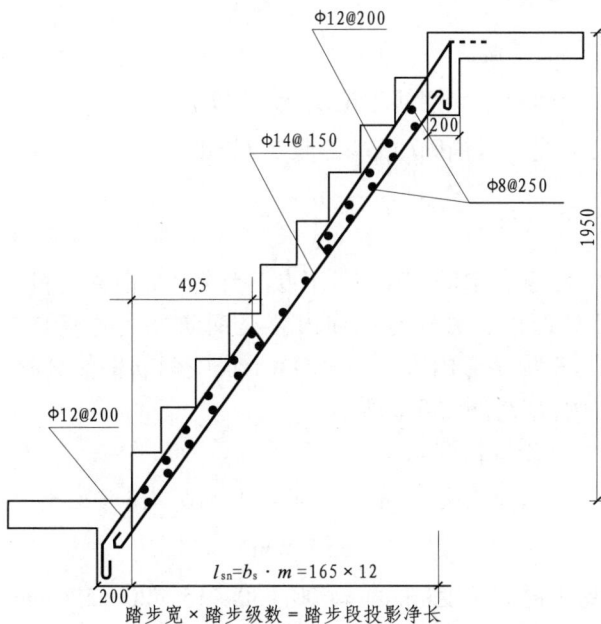

$l_{sn}=b_s \cdot m =165 \times 12$

踏步宽×踏步级数＝踏步段投影净长

图 7-13　某楼梯板底部钢筋布置图(尺寸单位:mm)

第八章 钢筋算量要点汇总及案例

第一节 钢筋算量的基本内容

一、钢筋算量的基本内容

钢筋算量具体计算的基本内容如下:

钢筋算量最终需要的结果是钢筋质量,如图 8-1 所示。

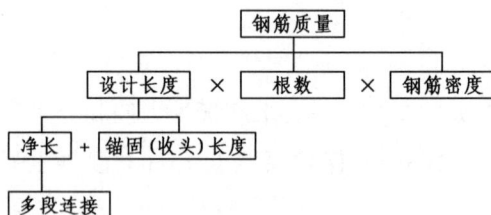

图 8-1 钢筋质量

钢筋设计长度超过钢筋出厂长度时,则需要连接。

$$钢筋质量 = 钢筋设计长度 \times 钢筋根数 \times 钢筋理论质量(密度)$$

$$钢筋设计长度 = 构件内净长 + 支座内锚固(或端部收头)长度$$

二、钢筋算量的三项核心内容

将以上钢筋算量基本内容进行整理可以发现,"钢筋密度"不用专门计算,在相关资料中查表即可;"构件内净长"也很简单,直接计算即可。另外有几项内容是钢筋算量的核心内容,即"锚固(或收头)""连接""根数"。而这三项核心内容,也是实际工程中钢筋量估算时,建设单位与施工单位常常争执的方面,现举例说明,如图 8-2 所示。

以 KLI 上部通长筋为例(采用焊接,不计算搭接长度):

由建设单位计算的 KLI 上部通长筋端支座锚固长度(mm) $= 0.4 \times 34 \times 20 + 15 \times 20$
$$= 572mm$$

由施工单位计算的 KLI 上部通长筋端支座锚固长度(mm) $= 600 - 30 + 15 \times 20 = 570mm$

所以,对于钢筋算量,要把握住其核心内容。为此,下文讲解钢筋算量的总体思路。

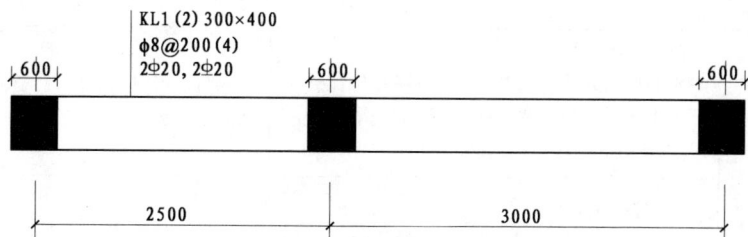

图 8-2　某梁配筋图

第二节　钢筋算量总体思路

钢筋算量的总体思路主要是针对钢筋算量的三项核心内容,即"锚固""连接""根数",总体上需要把握的注意事项,如表 8-1 所示。

钢筋算量的核心内容　　　　　　　　　　　　　　　　　　表 8-1

钢筋算量核心内容	注 意 事 项	说 明
锚固 (或"收头")	(1)基本锚固方式 各类构件中各类钢筋都有基本的锚固或收头方式,比如 KL 纵筋在支座的基本锚固方式有弯锚和直锚;再比如 WKL 纵筋在支座内的基本锚固方式为:梁纵筋与端柱竖筋弯折搭接,梁纵筋与端柱竖筋竖向错接	通过整理这些锚固方式,从总体上把握钢筋的总量,方便对量时审查对方的钢筋工程量.比如通过整理 KL 和 WKL 纵筋锚固方式,便可知道 WKL 在支座内没有直锚构件(不管柱截面尺寸多大)
	(2)锚固长度 具体的锚固长度值,详见本书各章节相关内容,注意锚固长度除了正常计算外,在某些情况下还有最小锚固长度的要求	比如 16G101-1 第 58 页描述了受拉钢筋在任何情况下锚固长度均不得小于 200mm
	(3)混凝土强度等级和保护层厚度的取值 锚固长度 L_{aE} 的取值需要用到混凝土强度等级和保护层厚度. 在计算某构件的钢筋锚固长度时,要取其支座处的混凝土强度等级和保护层厚度	
	(4)抗震构件和不抗震构件 工程有抗震和不抗震,抗震时有抗震等级,但即使在一级抗震的工程中,有的构件也是不起抗震作用的。 抗震构件:剪力墙、框架柱、框架梁、桩基础; 不抗震构件:板、楼梯、独立基础、条形基础、筏基、非框架梁	不抗震构件,其锚固长度用 L_a 而不是 L_{aE}

续上表

钢筋算量核心内容	注 意 事 项	说 明
连接	(1)连接方式 钢筋连接方式有绑扎搭接、焊接和机械连接三种。注意搭接有两种:一是受力搭接,取 L_{lE}/L_l;二是构造搭接,一般可取150mm	钢筋采用绑扎搭接时,要注意是受力搭接还是构造搭接
	(2)连接位置 确定工程造价的钢筋算量,往往没有考虑钢筋的具体连接位置,而是按照定尺长度(钢筋出厂长度)计算接头长度,但要注意某些特殊的连接	例如,框架柱竖向纵筋不是按定尺长度计算接头长度,而是按楼层连接考虑
根数	(1)小数值 钢筋根数计算后是小数值,要注意取整方式	
	(2)加密区范围 特别是针对箍筋,在有加密要求的构件中要注意加密区的范围	例如,框架柱箍筋加密区要考虑柱根位置、短柱等情况
	(3)弧形构件根数 弧形构件的外边线、中心线和内边线长度不同,要注意计算钢筋根数时的取值	例如,弧形板的放射状钢筋、弧形梁的箍筋等
	(4)构件相交 构件垂直相交和平行重叠,都要注意钢筋根数的关系	例如,筏板基础底部钢筋与基础梁纵筋根数的关系

第三节 梁平法识图与计算规定

一、16G101-1 梁平法识图知识体系(表8-2)

梁平法识图知识体系　　　　表8-2

梁平法识图知识体系		16G101-1 对应页码
平法表达方式	平面注写方式	第26~33页
	截面注写方式	第34~35页
数据项	编号	第26~35页
	截面尺寸	
	配筋	
	梁顶面标高高差(选注)	
	必要的文字注解(选注)	

续上表

梁平法识图知识体系		16G101-1 对应页码
梁构件集中标注	编号	第 26～28 页
	截面尺寸	
	箍筋	
	上部通长筋或架立筋	
	下部通长筋	
	侧部构造钢筋或受扭钢筋	
	梁顶面标高高差（选注）	
梁支座上部筋	梁构件原位标注	第 29、30 页
	梁下部筋	
	附加吊筋或箍筋	

二、梁计算规则汇总（表 8-3）

梁计算规则汇总

表 8-3

梁	上部通长筋	长度 = 净跨长 + 左支座锚固长度 + 右支座锚固长度
		左、右支座锚固长度的取值判断： 当 h_c（柱宽）- 保护层 ≥L_{aE} 时，直锚，长度 = $\max(L_{aE},0.5h_c+5d)$； 当 h_c（柱宽）- 保护层厚度 <L_{aE} 时，弯锚，长度 = h_c - 保护层厚度 + 15d； 当为屋面框架梁时，上部通长筋伸入支座端折至梁底； 当为非框架梁时，上部通长筋伸入支座端弯折 15d，当按铰接设计时伸入支座内平直段长度 ≥$0.35L_{ab}$，当充分利用钢筋抗拉强度时，平直段长度 ≥$0.6L_{ab}$； 当为框支梁时，纵筋伸入支座对边向下弯锚，通过梁底线后再下插 $L_{ae}(L_a)$
	下部通长筋	公式：长度 = 净跨长 + 左支座锚固长度 + 右支座锚固长度
		左、右支座锚固长度的取值判断：L_{aE} 表示锚固值长度，当 h_c（柱宽）- 保护层厚度（直锚长度）≥L_{aE} 时，取 $\max(L_{aE},0.5h_c+5d)$； 当 h_c（柱宽）- 保护层厚度（直锚长度）<L_{aE} 时，必须弯锚，长度 = h_c - 保护层厚度 + 15d
		注：(1) 非框架梁支座锚固长度为：伸入支座 12D，当梁配有受扭纵筋时，下部纵筋锚入的长度为 L_a； (2) 下部不伸入支座钢筋长度 = 净跨长 - 0.1×2×净跨长
	端支座负筋	第一排长度 = $\dfrac{左或右支座锚固长度 + 净跨长}{3}$
		第二排长度 = $\dfrac{左或右支座锚固长度 + 净跨长}{4}$
		注：非框架梁端支座负筋长度：充分利用抗拉强度时，长度 = $\dfrac{L_n}{3}$ + h_c（柱宽）- 保护层厚度 + 15d，设计按铰接时，长度 = $\dfrac{L_n}{5}$ + h_c（柱宽）- 保护层厚度 + 15d

155

梁	中间支座负筋	上排长度 $= \dfrac{2 \times \max(左跨,右跨)净跨长}{3} + 支座宽$
		下排长度 $= \dfrac{2 \times \max(左跨,右跨)净跨长}{4} + 支座宽$
		注:净跨长为左跨 l_{ni} 和右跨 $l_{ni}+1$ 之较大值,其中:$i = 1, 2, 3\cdots$
	架立筋	架立筋长度 $= l_n(净跨长) - 左伸入支座负筋净长 - 右伸入支座负筋净长 + 150 \times 2$
		注:(1) 当梁的上部既有通长筋又有架立筋时,其中架立筋的搭接长度为150mm; (2) 当梁的上部没有贯筋,都是架立筋时,架立筋与支座负筋的连接长度取 L_{le}(抗震搭接长度)
	侧面纵筋	构造筋长度 $= 净跨长 + 2 \times 15d$
		抗扭筋长度 $= 净跨长 + 2 \times 锚固长度$
	侧面纵筋的拉筋	筋直径取值范围:梁宽 $\leqslant 350$mm 取6mm,梁宽 >350mm 取8mm
		拉筋长度 $= 梁宽 - 2 \times 保护层厚度 + 2 \times 1.9d + 2 \times \max(10d, 75\text{mm})$ 非框架梁或不考虑抗震的悬挑梁:拉筋长度 $= 梁宽 - 2 \times 保护层厚度 + 2 \times 1.9d + 2 \times 5d$
		拉筋根数 $= \left[\dfrac{(净跨长 - 50 \times 2)}{拉筋间距 + 1} \right] \times 排数$
	吊筋	吊筋夹角取值:梁高 $\leqslant 800$mm 取 $45°$,梁高 >800mm 取 $60°$
		吊筋长度 $= 次梁宽 b + 2 \times 50 + 2 \times \dfrac{梁高 - 2 \times 保护层厚度}{\sin 45°(60°)} + 2 \times 20d$
	箍筋	梁箍筋距支座边的距离为50mm; 一级抗震加密区的长度为 $\max(2h_b, 500)$,二到四级抗震加密区长度为 $\max(1.5h_b, 500)$
		根数 $= \left(\dfrac{加密区长度 - 50}{加密间距} + 1 \right) \times 2 + \left(\dfrac{非加密区长度}{非加密间距} - 1 \right)$ 长度 $= 周长 - 8 \times 保护层 + 1.9d \times 2 + \max(10d, 75) \times 2$
悬挑梁	1 节点	第一排钢筋长度 $= L(悬挑梁净跨长) - 保护层厚度 + 梁高 - 2 \times 保护层厚度$
		当 $L \geqslant 4h_b$,即长悬梁时,除2根角筋,并不少于第一排纵筋的1/2,其余第一排纵筋下弯 $45°$ 至梁底。 非弯起筋长度 $= L - 保护层厚度 + 12d$ 弯起筋长度 $= L - 保护层厚度 + 0.414 \times (梁高 - 2 \times 保护层厚度)$
		第二排钢筋长度 $= 0.75L + 1.414(梁高 - 2 \times 保护层厚度) + 10d$
		下部钢筋长度 $= L - 保护层厚度 + 15d$

梁	2 节点	第一排钢筋长度 $=L($ 悬挑梁净跨长 $)-$ 保护层厚度 $+12d+\max(L_a,0.5h_c+5d)$ 第一排弯折钢筋长度 $=L-$ 保护层 $+0.414\times($ 梁高 $-2\times$ 保护层厚度 $)+\max(L_a,0.5h_c+5d)$ 第二排钢筋长度 $=0.75L+1.414($ 梁高 $-2\times$ 保护层厚度 $)+10d+\max(L_a,0.5h_c+5d)$ 下部钢筋长度 $=L-$ 保护层厚度 $+15d$
	3 节点	第一排钢筋长度 $=L($ 悬挑梁净跨长 $)-$ 保护层厚度 $+12d$ 第一排弯折钢筋长度 $=L-$ 保护层厚度 $+0.414\times($ 梁高 $-2\times$ 保护层厚度 $)$ 下部钢筋长度 $=L-$ 保护层厚度 $+15d$
	4 节点	第一排钢筋长度 $=L($ 悬挑梁净跨长 $)+h_c-$ 保护层厚度 $\times2+12d+15d$ 第一排弯折钢筋长度 $=L+h_c-$ 保护层厚度 $\times2+0.414\times($ 梁高 $-2\times$ 保护层厚度 $)+15d$ 下部钢筋长度 $=L-$ 保护层厚度 $+15d$
	5 节点	第一排钢筋长度 $=L($ 悬挑梁净跨长 $)-$ 保护层厚度 $+12d$ 第一排弯折钢筋长度 $=L-$ 保护层厚度 $+0.414\times($ 梁高 $-2\times$ 保护层厚度 $)$ 下部钢筋长度 $=L-$ 保护层厚度 $+15d$
	6 节点	第一排钢筋长度 $=L($ 悬挑梁净跨长 $)-$ 保护层厚度 $+12d+\max(L_a,0.5h_c+5d)$ 第一排弯折钢筋长度 $=L-$ 保护层厚度 $+0.414\times($ 梁高 $-2\times$ 保护层厚度 $)+\max(L_a,0.5h_c+5d)$ 第二排钢筋长度 $=0.75L+1.414($ 梁高 $-2\times$ 保护层厚度 $)+10d+\max(L_a,0.5h_c+5d)$ 下部钢筋长度 $=L-$ 保护层厚度 $+15d$
	7 节点	第一排钢筋长度 $=L($ 悬挑梁净跨长 $)+h_c-$ 保护层厚度 $\times2+12d+\max(L_a,$ 梁高 $-$ 保护层厚度 $)$ 第一排弯折钢筋长度 $=L+h_c-$ 保护层厚度 $\times2+0.414\times($ 梁高 $-2\times$ 保护层厚度 $)+\max(L_a,$ 梁高 $-$ 保护层厚度 $)$ 第二排钢筋长度 $=0.75L+1.414($ 梁高 $-2\times$ 保护层厚度 $)+10d+\max(L_a,$ 梁高 $-$ 保护层厚度 $)$ 下部钢筋长度 $=L-$ 保护层厚度 $+15d$
框支梁 井字梁 其他梁	框支梁	上部通长筋 $=$ 净长 $+$ 两端支座锚固长度 端支座锚固长度 $=h_c-$ 保护层厚度 $+h_b-$ 保护层厚度 $+L_{ae}$
		端支座第一排钢筋长度：负筋长度 $=\dfrac{\text{净长}}{3}+h_c-$ 保护层厚度 $+h_b-$ 保护层厚度 $+L_{ae}$ 端支座第二排钢筋长度：负筋长度 $=\dfrac{\text{净长}}{3}+$ 支座宽 $-$ 保护层厚度 $+15d$ 锚入支座内水平长度 $\geqslant15d$
		中间支座负筋长 $=$ 支座宽 $+\dfrac{2}{3}$ 净长，净长取相邻两跨梁中净跨值较大者 腰筋长度 $=$ 净长 $+$ 锚固长
		下部纵筋长度 $=$ 净长 $+$ 两端支座锚固长度 支座锚固长度 $=$ 梁宽 $-$ 保护层厚度 $+15d$，锚入支座内平直段长度 $\geqslant0.4L_{abE}$

续上表

框支梁 井字梁 其他梁	井字梁	上部通长筋长度 = 净跨长 + 中间支座宽 + (端支座宽 - 保护层厚度 + 15d) × 2
		端支座筋长 = 外伸长度 + 端支座宽 - 保护层厚度 + 15d
		中间支座筋长 = 外伸长度 × 2 + 中间支座宽
		注:支座筋外伸长度本图集未定尺寸,由具体工程的设计师自己给定
		下部纵筋长 = 净跨长 + 12d(光面钢筋为 15d)
		梁与梁相交处两侧各附加 3 道箍筋,间距 50mm
		架立筋与支座负筋搭接 150mm
	非框架梁	上部通长筋长 = 净跨长 + 中间支座宽 + 端支座宽 - 保护层厚度 + 15d
		端支座筋长 = 外伸长度 + 端支座宽 - 保护层厚度 + 15d
		中间支座筋长 = 外伸长度 + 中间支座宽 当按设计铰接时,外伸长度 = $\dfrac{净跨长}{5}$ 当充分利用钢筋的抗拉强度时,外伸长度 = $\dfrac{净跨长}{3}$
		下部纵筋长 = 净跨长 + 12d(光面钢筋为 15d)
		架立筋与支座负筋搭接 150mm
	梁加腋筋	梁端加腋钢筋长度 = $L_{ae} + \sqrt{c_1^2 + c_2^2} + L_{ae}$
		梁中间支座加腋钢筋长度 = $L_{ae} + \sqrt{c_1^2 + c_2^2} × 2 + 支座宽$

第四节　柱平法识图与计算规定

一、16G101-1 柱平法识图知识体系(表8-4)

柱平治识图知识体系

表8-4

柱平法识图知识体系		16G101-1 对应页码
平法表达方式	列表注写方式	第 11 页
	截面注写方式	第 12 页
数据项	编号	第 8、9 页
	起始标高	
	截面尺寸	
	配筋	

续上表

柱平法识图知识体系		16G101-1 对应页码
数据标注方式	列表注写:在单独的列表中注写各数据项	第 11 页
	截面注写:在平面图上选择一个截面直接注写	第 12 页

二、柱计算规则汇总（表 8-5）

柱计算规则汇总　　　　　　　　　　　表 8-5

顶层边角柱纵筋	1 节点	外侧纵筋长度 = 顶层层高 − 顶层非连接区长度 − 保护层厚度 + 弯入梁内的长度
		内侧纵筋长度 = 顶层层高 − 顶层非连接区长度 − 保护层厚度 + $12d$
		当梁高 − 保护层厚度 ≥ L_{ae} 时,可不弯折 $12d$
	2 节点	2 节点外侧钢筋长度 = 顶层层高 − 顶层非连接区长度 − 梁高 + $1.5L_{ab}$ 当配筋率 > 1.2% 时,钢筋分两批截断,长的部分多加 $20d$
		内侧纵筋长度 = 顶层层高 − 顶层非连接区长度 − 保护层厚度 + $12d$ 当梁高 − 保护层 ≥ L_{ae} 时,可不弯折 $12d$
	3 节点	外侧钢筋长度 = 顶层层高 − 顶层非连接区长度 − 梁高 + $\max(1.5 \times$ 锚固长,梁高 − 保护层厚度 $+ 15d)$ 当配筋率 > 1.2% 时,钢筋分两批截断,长的部分多加 $20d$
		内侧纵筋长度 = 顶层层高 − 顶层非连接区长度 − 保护层厚度 + $12d$ 当梁高 − 保护层厚度 ≥ L_{ae} 时,可不弯折 $12d$
	4 节点	外侧纵筋长度 = 顶层层高 − 顶层非连接区长度 − 保护层厚度 + 柱宽 − 保护层厚度 × 2 $+ 8d$
		内侧纵筋长度 = 顶层层高 − 顶层非连接区长度 − 保护层厚度 + $12d$
		当梁高 − 保护层厚度 ≥ L_{ae} 时,可不弯折 $12d$
		非连接区长度 = $\max\left(\dfrac{1}{6}H_n, 500, H_c\right)$
	5 节点	柱外侧纵筋长 = 顶层层高 − 保护层厚度 − 顶层非连接区长度
		梁上部纵筋锚入柱内 $1.7L_{ab}$,当配筋率 > 1.2% 时,再加 $20d$
		内侧纵筋长度 = 顶层层高 − 顶层非连接区长度 − 保护层厚度 + $12d$
		当梁高 − 保护层厚度 ≥ L_{ae} 时,可不弯折 $12d$

顶层中柱纵筋	1 节点	当梁高 − 保护层厚度 $< L_{ea}$ 时,纵筋长度 = 顶层层高 − 顶层非连接区长度 − 保护层厚度 $+12d$
		非连接区长度 $= \max\left(\frac{1}{6}H_n, 500, H_c\right)$
	2 节点	当梁高 − 保护层 $< L_{ea}$ 时,纵筋长度 = 顶层层高 − 顶层非连接区长度 − 保护层厚度 $+12d$
		非连接区长度 $= \max\left(\frac{1}{6}H_n, 500, H_c\right)$
	3、4 节点	当梁高 − 保护层 $\geq L_{ea}$ 时,纵筋长度 = 顶层层高 − 顶层非连接区长度 − 梁高 + 锚固长
		非连接区长度 $= \max\left(\frac{1}{6}H_n, 500, H_c\right)$
箍筋	箍筋根数计算步骤	第一步:先计算柱子的"净高","净高"对于中间楼层来说,就是结构层高减去顶板梁的截面高度
		第二步:计算"加密区"的高度并且按加密区间距计算箍筋根数。加密区为 $\max\left(\frac{1}{6}H_n, H_c, 500\right)$。每个楼层都有上、下各一个加密区
		第三步:计算"非加密区"的高度并且按非加密区间距计算箍筋根数
	基础箍筋根数计算	基础箍筋根数 $= \dfrac{\text{基础高度} − \text{保护层厚度} − 100}{\text{间距}} + 1$
	嵌固部位箍筋根数	上部加密区箍筋根数 $= \dfrac{\max\left(\frac{1}{6}H_n, H_c, 500\right) + \text{梁高} − 50}{\text{加密区间距}} + 1$
		下部加密区箍筋根数 $= \dfrac{\frac{1}{3}H_n − 50}{\text{加密区间距}} + 1$
		中间非加密区箍筋根数 $= \dfrac{\text{层高} − \text{上下加密区}}{\text{非加密区间距}} − 1$
	中间层、顶层箍筋根数计算	上部加密区根数 $= \dfrac{\max\left(\frac{1}{6}H_n, H_c, 500\right) + \text{梁高} − 50}{\text{加密间距}} + 1$
		下部加密区根数 $= \dfrac{\max\left(\frac{1}{6}H_n, H_c, 500\right) − 50}{\text{加密间距}} + 1$
		非加密区根数 $= \dfrac{\text{层高} − \text{上下加密区}}{\text{非加密区间距}} − 1$
	箍筋长度计算	箍筋长度 $= (\text{柱宽} b − 2 \times \text{保护层厚度}) \times 2 + (\text{柱高} h − 2 \times \text{保护层厚度} \times 2) + 1.9d \times 2 + \max(10d, 75) \times 2$
		箍筋在计算长度时需注意两个弯钩的长度

第五节　墙平法识图与计算规定

一、16G101-1 剪力墙平法识图知识体系（表 8-6）

墙平法识图知识体系　　　　　　　　　　　　　　　　　　表 8-6

墙平法识图知识体系				16G101-1 对应页码
平法表达方式	列表注写方式			第 13～16 页
	截面注写方式			第 17～18 页
数据项	墙身	墙身编号		第 13～18 页
		各段起止标高		
		配筋(水平筋、竖向筋、拉筋)		
	墙柱	墙柱标高		
		各段起止标高		
		配筋(纵筋、箍筋、拉筋)		
	墙梁	墙梁编号		
		所在楼层号		
		顶标高高差		
		截面尺寸		
		配筋(顶部、底部纵筋),箍筋,附加钢筋(交叉暗撑,斜向交叉钢筋)		
列表注写数据标注方式	墙身	墙身平面图	墙身编号	第 14～16 页
		墙身表	各段起止标高	
			配筋(纵筋和箍筋)	
	墙柱	墙柱平面图	墙柱编号	第 13 页
		强柱表	各段起止标高	
			配筋(纵筋和箍筋)	
	墙梁	墙梁平面图	墙梁编号	第 15～17 页
		墙梁表	所在楼层号	
			顶标高高差(选注)	

墙平法识图知识体系			16G101-1 对应页码
列表注写数据标注方式	墙梁	墙表	截面尺寸	
			配筋	
			附加钢筋(选注)	
截面注写数据标注方式	在剪力墙平面布置图上,以直接在墙身、墙柱、墙梁上注写,截面尺寸和配筋具体数值的方式来表示在剪力墙平法施工图			
洞口	无论采用列表注写还是截面注写,剪力墙洞口均可在剪力墙平面图上原位表达,表达的内容包括:洞口编号、几何尺寸、洞口中心相对标高、洞口每边补强钢筋			

二、剪力墙计算规则汇总(表8-7)

剪力墙计算规则汇总

表8-7

剪力墙	墙身水平筋	转角墙端为暗柱时,外侧钢筋连续通过: 外侧钢筋 = 墙长 - 2×保护层厚度(当不能满足通常要求时,须搭接 $1.2L_{ae}$) 内侧钢筋 = 墙长 - 2×保护层厚度 + 15d×2
		转角墙端为暗柱时,外侧钢筋不连续通过: 外侧钢筋 = 墙长 - 2×保护层厚度 + 0.8L_a×2 内侧钢筋 = 墙长 - 2×保护层厚度 + 15d×2
		墙端为端柱时: 外侧钢筋 = 墙长 - 2×保护层厚度 + 15d 内侧钢筋 = 墙长 - 2×保护层厚度 + 15d
		基础水平筋根数 = $\dfrac{基础高度 - 保护层厚度 - 100}{500}$ + 1 (一般条件)
		中间层以及顶层水平筋根数 = $\dfrac{层高 - 50}{间距}$ + 1
		水平变截面钢筋计算:墙身外侧水平筋连续通过 截面宽的墙身内侧水平筋伸至变截面端弯折,弯折长度≥15d 截面窄的墙身内侧水平筋伸入变截面长度≥$1.2L_{ae}$($1.2L_a$)

剪力墙	墙竖向钢筋	基础插筋 A	当 h_j（基础底面至基础顶面高度）－保护层厚度 $\geq L_{ae}(L_a)$ 时，支撑到板底：基础插筋长度＝弯折长度 $\max(6d,150)+h_j$－保护层厚度－底层钢筋直径＋搭接长度 $1.2L_{aE}$。满足直锚：基础插筋长度＝h_j－保护层厚度－底层钢筋直径＋搭接长度 $1.2L_{aE}$
		基础插筋 B	当 h_j 小于 $L_{ae}(L_a)$ 时基础插筋长度＝弯折长度 $15d+h_j$－保护层厚度－底层钢筋直径＋搭接长度 $1.2L_{aE}$
		基础插筋 C	外侧钢筋＝h_j－保护层厚度－底层钢筋直径＋弯折长度 $15d$＋顶部搭接 $1.2L_{aE}$。内侧钢筋＝h_j－保护层厚度－底层钢筋直径＋弯折长度＋顶部搭接 $1.2L_{aE}$。当选用"墙插筋在基础中锚固构造（三）时"，设计人员应在图纸上注明
		中间层竖向筋长度	中间层纵筋＝层高＋搭接长度 $1.2L_{aE}$。筋根数＝$\dfrac{墙净长-2\times起步距}{间距}+1$，起步距＝半个间距或者50。墙净长是指墙长扣除暗柱、端柱的墙
		墙顶层竖向筋长度	顶层纵筋＝层高－保护层＋$12d$。筋根数＝$\dfrac{墙净长-2\times起步距}{间距}+1$
		竖向钢筋根数计算	墙身竖向分布钢筋根数＝$\dfrac{墙身净长-2\times起步距}{竖向布置间距}+1$
		剪力墙变截面处竖向分布筋计算	变截面差值 $\Delta\leq30$ 时，竖向钢筋连续通过。变截面差值 $\Delta>30$ 时，下部钢筋伸至板顶向内弯折 $12d$。上部钢筋伸入下部墙内 $1.2L_{aE}$。当剪力墙为一面存在高差时，另一面可连续通过
	剪力墙拉筋		单个拉钩长度＝墙宽－2×保护层厚度＋$2\times1.9d+5d\times2$
			拉筋根数＝墙净面积/拉筋布置面积
	墙身洞口		当剪力墙墙身有洞口时，墙身水平筋和墙身竖向筋在洞口左右两边截断，分别弯折 $15d$

163

剪力墙	连梁	中间层端部洞口连梁 A	纵筋长度 = 洞口宽 + 墙端支座锚固 + 中间支座锚固[max(L_{ae},600)]
			端部墙肢较短时,端部锚入取值 = 墙厚 - 墙保护层厚度 - 墙水平筋直径 - 竖向筋直径 + 15d 当端部直锚长度≥L_{ae}(L_a)且≥600时,可不必弯折
			箍筋根数 = $\dfrac{洞口宽 - 50 \times 2}{间距} + 1$
			箍筋长度计算同梁
		中间层中部洞口连梁 B	中间支座纵筋长度 = 洞口宽 + 锚固[max(L_{ae},600)] × 2
			箍筋长度计算同梁
			箍筋根数 = $\dfrac{洞口宽 - 50 \times 2}{间距} + 1$
		顶层连梁	纵筋长度计算同中间层连梁,箍筋长度计算同梁
			箍筋根数 = $\dfrac{洞口宽 - 50 \times 2}{间距} + 1 + \dfrac{伸入端墙内平直长度 - 100}{150} + 1 + \dfrac{锚入墙内长度 - 100}{150} + 1$
			锚固长度 = max(L_{ae},600)
	暗梁钢筋		纵筋长度 = L(暗梁净长) + 2 × 锚固长度
			箍筋根数 = $\dfrac{暗梁净长 - 连梁长 - 2 \times 50}{间距} + 1$(箍筋间距一致时)
			箍筋长度计算同框架梁箍筋计算

第六节 板平法识图与计算规定

一、16G101-1 板平法识图知识体系 (表 8-8)

板平法识图知识体系 表 8-8

板平法识图知识体系			16G101-1 对应页码
平法表达方式	平面注写方式(板只有一种表达方式)		第 39~48 页
数据项	编号		第 39~48 页
	板厚		
	贯通纵筋		
	板支座上部非贯通纵筋		
	板面标高不同时的标高高差		
	纯悬挑板上部受力钢筋		
有梁楼盖板数据标注方式	集中标注	编号	第 39~40 页
		构件尺寸	
		贯通纵筋(单层或双层)	第 41~44 页
		板面标高的高差(选注)	
	原位标注	板支座上部非贯通筋(支座负筋)	
		纯悬挑板上部受力筋(选注)	

续上表

板平法识图知识体系			16G101-1 对应页码
无梁楼盖板数据标注方式	集中标注	板带编号	第 45 页
		板带厚，板带宽	
		箍筋(选注，有暗梁时需要)	
		贯通纵筋	
	原位标注	板带支座上部非贯通纵筋(支座负筋)	第 46~48 页
楼板相关构造	纵筋加强带、后浇带、柱帽、局部升降板、板加腋、板开洞、板翻边、板挑檐、局部加强筋、悬挑阴角附加筋、悬挑阳角附加筋、抗冲切箍筋、抗冲切弯起筋		第 49~55 页

二、板计算规则汇总 (图 8-3)

板

通长筋
- 底筋长度 = 净跨 + 左伸进长度 + 右伸进长度 + (一级钢)弯钩 $6.25d \times 2$
- 伸进支座长度判断：当普通楼面板端部支座为剪力墙、梁时伸进长度 = $\max$(支座宽度/2,5d)
- 根数 = $\dfrac{\text{支座间净距} - 100mm(\text{或板筋间距})}{\text{间距}} + 1$
- 第一根钢筋距离判断：第一根钢筋距梁或墙边 50mm
- 第一根钢筋距梁角筋为 $\dfrac{1}{2}$ 板筋间距

板面筋
- 板面筋长度 = 板净长 + 2 × 伸入长度
- 伸入支座长度判断：普通楼面板伸入支座长度 = 平直段长度 + 15d
- 平直段长 = 梁宽 − 保护层厚度 − 梁角筋直径，此处平直段长度分"按铰接设计时"和"充分利用钢筋抗拉强度时"两种情况，由设计者在图中指定。当直段长度 ≥ L_a 时可不弯折
- 板面筋的根数 = $\dfrac{\text{支座间净距} - 100mm(\text{或板筋间距})}{\text{间距}} + 1$
- 第一根筋距离判断：第一根钢筋距梁或墙边 50mm
- 第一根钢筋距梁角筋为 $\dfrac{1}{2}$ 板筋间距

支座负筋
- 端支座负筋
  - 长度 = 伸入端支座长度 + 伸入跨内的净长 + 右弯折长度
  - 伸入端支座弯折长度按端支座锚固构造计算，伸入跨内长度按设计标注，
  - 伸入跨内的弯折长度 = 板厚 − 上下保护层厚度 (根数同负筋)
- 中间支座负筋
  - 长度 = 水平长度 + 弯折长度 × 2
  - 水平长度 = 标注长度，当标注长度为自支座边缘向内的伸入长度时，水平长度还要加上支座宽
  - 弯折长度 = 板厚 − 上下保护层厚度
- 支座负筋的分布筋
  - 长度 = 两端支座负筋净距 + 150 × 2
  - 负筋的分布筋根数 = $\dfrac{\text{负筋板内净长} - 50}{\text{分布筋间距}}$

温度筋
- 长度 = 板宽 − 负筋标注长度 × 2 + 搭接长度 × 2
- 根数 = $\dfrac{\text{净跨长度} - \text{左右负筋伸入板内长} - s/2 \times 2}{\text{温度筋间距}} + 1$

图 8-3　板计算规则

第七节　基础平法识图与计算规定

一、16G101-3 独立基础平法识图知识体系

16G101-3 第 7～20 页讲述的是独立基础构件的制图规则,知识体系如图 8-4 所示。

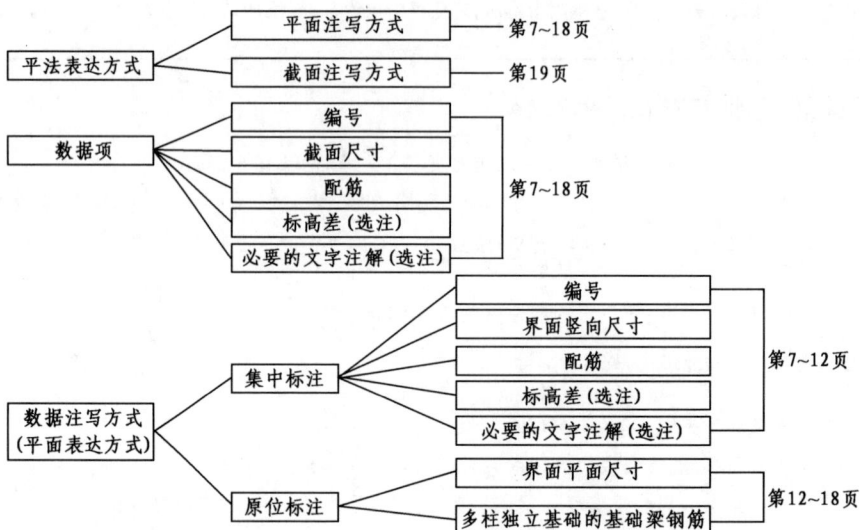

图 8-4　独立基础平法识图知识体系

二、基础计算汇总

1. 独立基础(图 8-5)

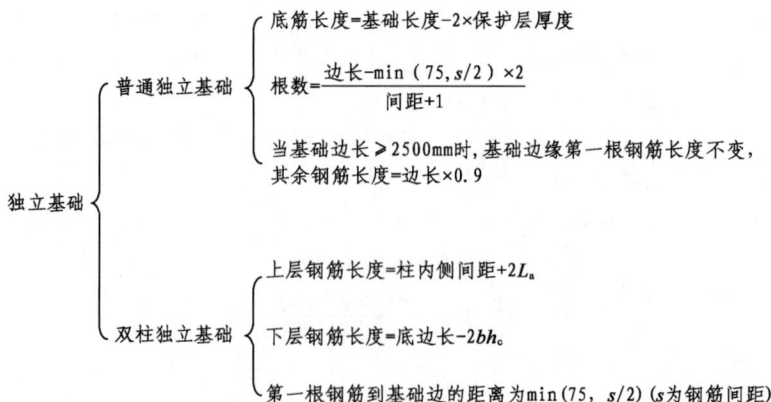

图 8-5　独立基础计算规则

2. 条形基础(图 8-6)

$$
条形基础
\begin{cases}
有梁式条形基础
\begin{cases}
\text{梁的纵筋及箍筋同梁算法} \\
\text{受力筋长度=条基宽度-2×保护层厚度} \\
\text{受力筋根数=}\dfrac{\text{条基底板长度-max}(75,s/2)×2}{\text{间距}}+1 \\
\text{分布筋长度=条基长度-2×保护层厚度} \\
\text{分布筋根数=}\dfrac{\text{条基底板宽度-max}(75,s/2)×2-s/2×2}{\text{间距}}+1
\end{cases} \\[6mm]
无梁式条形基础
\begin{cases}
\text{受力筋计算同有梁条基} \\
\text{分布筋长度=条基长度-2×保护层厚度} \\
\text{分布筋根数=}\dfrac{\text{条基底板宽-max}(75,s/2)×2}{\text{间距}}+1
\end{cases}
\end{cases}
$$

(注:条基宽度≥2500mm时,底板受力筋缩减10%交错配置。
计算规则同独立基础。)

图 8-6　条形基础计算规则

3. 梁板式筏形基础主梁、次梁计算规则汇总(表 8-9)

梁板式筏形基础主梁、次梁计算规则汇总　　　　　　　　　　表 8-9

基础主梁	端部外伸	上部第一排贯通筋长度 = 梁长 − 保护层厚度 $×2+12d×2$
		上部第二排贯通筋长度 = 边柱内边长 $+2×L_a$
		下部贯通筋长度 = 梁长 − 保护层厚度 $×2+12d×2$
		下部非贯通筋长度(边跨) $= L_n' + h_c + L_n/3$
		下部非贯通筋(中间跨) $= L_n/3 + h_c + L_n/3$
		L_n 取两跨中的较大值,且 $L_n/3 \geqslant L_n'$
	端部无外伸	上下贯通筋长度 = 梁长 − 保护层厚度 $×2+15d×2$
		下部非贯通筋长度(边跨) $= L_n/3 + h_c −$ 保护层厚度 $+15d$
		下部非贯通筋(中间跨) $= L_n/3 + h_c + L_n/3$
		L_n 取相邻两跨中的较大值
	梁顶标高不同	下部纵筋连续通过支座
		低跨上部纵筋伸入支座内,伸入长度为 L_a
		高跨上部第一排纵筋伸至边缘向下弯折,弯折长度伸入低跨内 L_a
		高跨顶部第二排伸至尽端钢筋内侧弯折 $15d$,当直段长度 $\geqslant L_a$ 时,可不弯折
	梁底标高不同	上部纵筋贯穿支座
		下部钢筋伸入支座达到 L_a
	梁顶、底均有高差	上部第一排钢筋的锚固为:$(h_c + 50 − c) + b$(高差) $− c + L_a$,其弯折长度为:b(高差) $− c + L_a$
		上部第二排纵筋伸至对边弯折 $15d$,当直段长度 $\geqslant L_a$ 时,可不设弯折
		下部纵筋应伸入支座达到 L_a

基础主梁	梁宽不同	宽出部位顶部纵筋伸至尽端钢筋内侧弯折 $15d$,当直段长度 $\geqslant L_a$ 时,可不弯折
		宽出部位底部纵筋伸至尽端钢筋内侧弯折 $15d$,伸入支座内平直段长度 $\geqslant 0.6L_{ab}$
	梁箍筋、加腋筋、拉筋	基础梁箍筋长度(梁不外伸)$= 2\times(b+h) - 8bh_c + 2\times1.9d + 2\max(10d, 75)$
		箍筋根数:梁端第一种箍筋范围内箍筋根数 = 设定指定的根数 + 支座内箍筋根数;跨中第二种箍筋范围内箍筋根数 $= \dfrac{净跨长 - 梁端第一种箍筋范围}{间距} - 1$;非加密
		箍筋根数 $= \dfrac{净跨 - 左右加密区}{非加密间距} - 1$
		加腋钢筋的长度 $= 2\times L_a + 斜长$,斜长 $= \sqrt{c_1^2 + c_2^2}$
		加腋筋伸入柱长度为 L_a,如需弯折,弯折长度 $15d$
基础次梁		上部通常筋 = 次梁总长 $- 2\times$端支座宽 $+ 2\times\max(12d, 梁宽\ b_b/2)$
		底部非通长筋长度 $= b_b - 保护层厚度 + 15d + L_n/3$ 底部贯通纵筋长 = 次梁总长 $- 2\times$保护层厚度 $+ 2\times15d$
		上部钢筋锚入基础主梁内为:$\max(12d, b_b/2)$
		下部钢筋伸至基础主梁外端弯折 $15d$,当按铰接设计时 $\geqslant 0.35L_{ab}$,当充分利用钢筋的抗拉强度时要 $\geqslant 0.6l_{ab}$
	基础次梁端部第一道箍筋距基础主梁边 50mm 开始布置,基础次梁端部外伸,梁顶、梁底有高差	梁上部纵筋伸至边缘弯折 $12d$; 梁下部底排纵筋伸至边缘弯折 $12d$; 梁下部非底排纵筋伸至边缘截断; 顶有高差:部贯通筋连续通过支座,高跨上部筋伸至尽端钢筋内侧弯折 $15d$,低跨上部筋锚入支座 $\geqslant L_a$ 且至少到梁中线;底有高差:上部筋通常设置,下部纵筋锚入相邻梁 L_a

4. 梁板式筏形基础平板钢筋计算规则汇总(图 8-7)

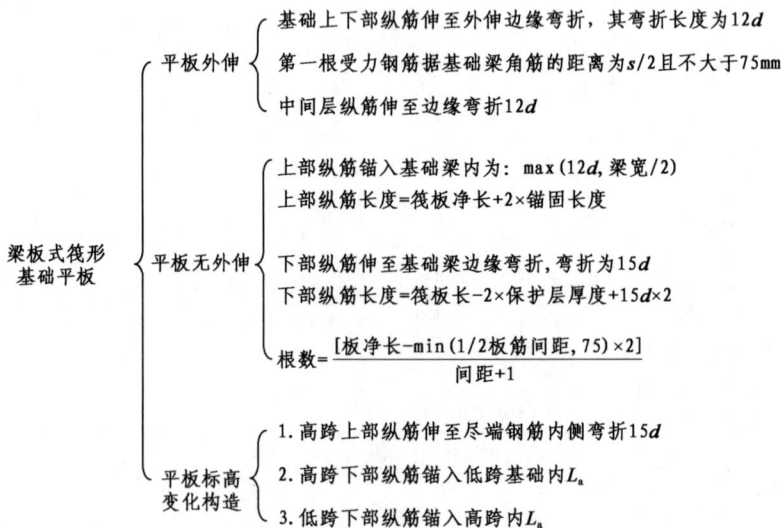

图 8-7 梁板式筏形基础平板钢筋计算规则

5. 平板式筏形基础计算规则汇总(图8-8)

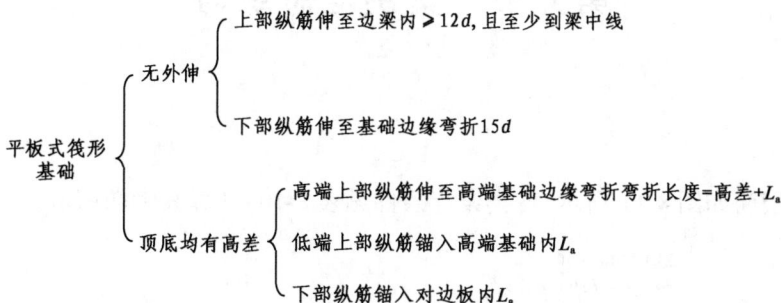

图8-8 平板式筏形基础计算规则

6. 承台钢筋计算规则汇总(图8-9)

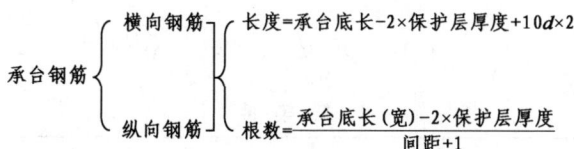

图8-9 承台钢筋计算规则

第八节 楼梯平法识图与计算规定

楼梯平法识图与计算规定如图8-10所示。

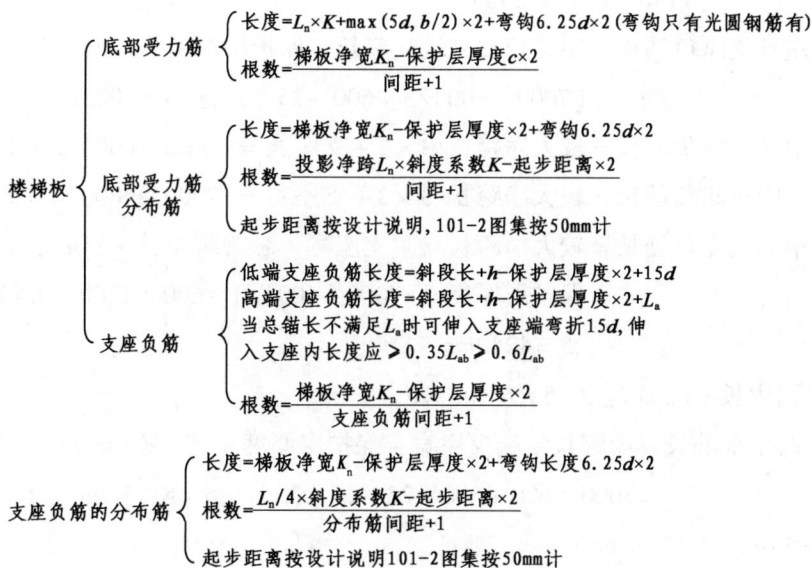

图8-10 楼梯平法识图与计算规定

第九节　案例汇总练习

一、梁

某框架梁配筋如图 8-11 所示,各类设计条件见表 8-10,计算其钢筋用量。

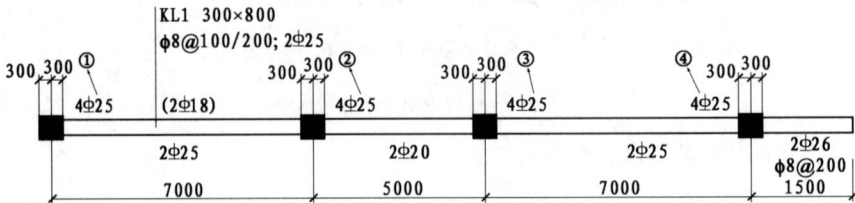

图 8-11　案例一图(尺寸单位:mm)

计　算　条　件　　　　　　　　　　　　表 8-10

混凝土强度	梁保护层厚度	支座保护层厚度	抗 震 等 级	定 尺 长 度	连 接 方 式
C30	25mm	30mm	一级	9000mm	搭接

$L_{aE} = 33d = 33 \times 25 = 825$, $L_{lE} = 46d = 46 \times 25 = 1150$

上部通长筋 = 净跨长 + 支座长 - 2 × 保护层厚度 + 15 × d + 12 × d + L_{lE}

$= 7000 - 300 + 5000 + 7000 + 1500 - 25 + 600 - 25 + 15 \times 25 + 12 \times 25 +$

$1150 \times 2 = 23725$mm

1 号左端支座负筋长 = 净跨长/3 + 端支座长 - 保护层厚度 + 15d

$= (7000 - 600)/3 + 600 - 25 + 15 \times 25 = 3083$mm

2 号中间支座负筋长 = 较大净跨长/3 × 2 + 支座宽 = $(7000 - 600)/3 \times 2 + 600 = 4866$mm

3 号中间支座负筋长 = 较大净跨长/3 × 2 + 支座宽 = $(7000 - 600)/3 \times 2 + 600 = 4866$mm

4 号中间支座负筋长 = 较大净跨长/3 + 支座宽 + 悬挑跨净长 + 弯起筋增加斜直段长 -

保护层厚度 = $(7000 - 600)/3 + 600 + 1200 + 0.414 \times 800 -$

$25 = 4240$mm

支座锚固长 = $\max(L_{ae}, 0.5 \times h_c + 5 \times d)$

第一跨下部筋长 = 净跨长 + 端支座宽 - 保护层厚度 + 15 × d + $\max(L_{aE}, 0.5 \times h_c + 5 \times d)$

$= 7000 - 600 + 600 - 25 + 15 \times 25 + 825 = 8175$mm

$L_{aE} = 33d = 33 \times 20 = 660$

第二跨下部筋长 = 净跨长 + 2 × $\max(L_{aE}, 0.5 \times h_c + 5 \times d)$

$$= 5000 - 600 + 660 \times 2 = 5720 \text{mm}$$

第三跨下部筋长 = 净跨长 $+ 2 \times \max(L_{aE}, 0.5 \times h_c + 5 \times d) = 7000 - 600 + 825 \times 2$

$$= 8050 \text{mm}$$

悬挑跨下部筋长 = 净跨长 $-$ 保护层厚度 $+ 12d = 1200 - 25 + 15 \times 16 = 1415 \text{mm}$

箍筋长 = 周长 $- 8 \times$ 保护层 $+ 1.9d \times 2 + \max(10d, 75) \times 2 = (300 + 800) \times 2 - 8 \times 25 +$

$$11.9 \times 8 \times 2 = 2190.4 \text{mm}$$

第一跨箍筋根数 = $(2h_c - 50)$/加密区间距 $+ 1 +$ (净跨长 $-$ 加密区长 $- 2 \times 50) - 1 +$

$$\frac{2 \times 800 - 50}{100} + 1 = \frac{2 \times 800 - 50}{100} + 1 + \frac{6400 - 1600 \times 2 - 100}{200} -$$

$$1 + \frac{2 \times 800 - 50}{100} + 1 = 49 \text{ 根}$$

第二跨箍筋根数 = $\frac{2 \times 800 - 50}{100} + 1 + \frac{4400 - 1600 \times 2 - 100}{200} - 1 + \frac{2 \times 800 - 50}{100} +$

$$1 = 39 \text{ 根}$$

第三跨箍筋根数 = $\frac{2 \times 800 - 50}{100} + 1 + \frac{6400 - 1600 \times 2 - 100}{200} - 1 + \frac{2 \times 800 - 50}{100} +$

$$1 = 49 \text{ 根}$$

悬挑跨箍筋根数 = $\frac{1200 - 50}{200} + 1 = 7 \text{ 根}$

箍筋合计 144 根。

架立筋长 = 净跨长 $-$ 净跨长/3 $\times 2 + 150 \times 2 = 6400 - 6400/3 \times 2 + 150 \times 2 = 2434 \text{mm}$

二、柱

某柱配筋如图 8-12 所示,各类设计条件见表 8-11,计算其钢筋用量。

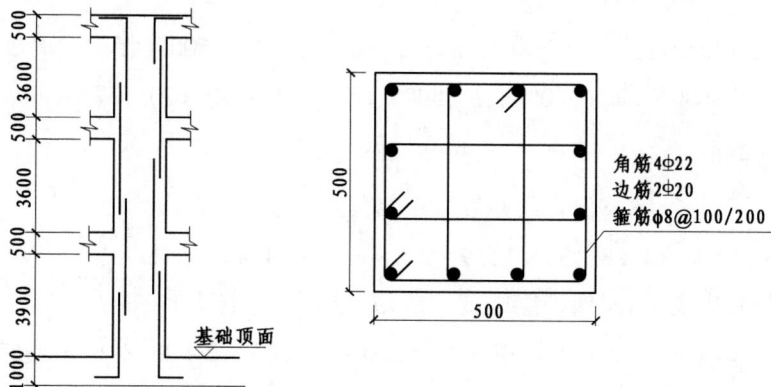

图 8-12 案例二图(尺寸单位:mm)

计算条件(假设图示顶层为中柱)   表 8-11

混凝土强度等级	抗 震 等 级	基础保护层厚度	柱保护层厚度	连 接 方 式
C30	一级	40mm	30mm	绑扎

1. 角筋的计算

$L_{aE} = 33d = 33 \times 22 = 726 \leqslant 1000mm$，$L_{lE} = 46d = 46 \times 22 = 1012mm$

基础插筋长 = 基础高度 - 保护层厚度 + $\max(6d, 150)$ + 非连接区 $h_n/3 + L_{lE}$

$\qquad\qquad = 1000 - 40 + 150 + 3900/3 + 1012 = 3422mm$

首层角筋长 = 首层净高 - 非连接区 $h_n/3$ + 梁高 + 非连接区 $\max(h_n/6, h_c, 500) + L_{lE}$

$\qquad\qquad = 3900 - 3900/3 + 500 + \max(3600/6, h_c, 500) + 1012 = 4712mm$

中间层角筋长 = 楼层净高 - 非连接区 + 非连接区 + 梁高 + L_{lE}

$\qquad\qquad = 3600 - \max(3600/6, h_c, 500) + \max(3600/6, h_c, 500) + 500 + 1012$

$\qquad\qquad = 5112mm$

顶层角筋长 = 顶层净高 - 非连接区 $\max(h_n/6, h_c, 500) + 500$ - 保护层厚度 + $12d$

$\qquad\qquad = 3600 - \max(3600/6, h_c, 500) + 500 - 30 + 12 \times 22 = 3734mm$

2. 边筋的计算

$L_{aE} = 33d = 33 \times 20 = 660 \leqslant 1000mm$，$L_{lE} = 46d = 46 \times 20 = 920mm$

基础插筋的长 = 基础高度 - 保护层厚度 + $\max(150, 6d)$ + 非连接区 $h_n/3 + L_{lE}$

$\qquad\qquad = 1000 - 40 + 150 + 3900/3 + 920 = 3330mm$

首层边筋长 = 首层净高 - 非连接区 $h_n/3$ + 梁高 + 非连接区 $\max(h_n/6, h_c, 500) + L_{lE}$

$\qquad\qquad = 3900 - 3900/3 + 500 + \max(3600/6, h_c, 500) + 920 = 4620mm$

中间层边筋长 = 楼层净高 - 非连接区 + 非连接区 + 梁高 + L_{lE}

$\qquad\qquad = 3600 - \max(3600/6, h_c, 500) + \max(3600/6, h_c, 500) + 500 + 920$

$\qquad\qquad = 5020mm$

顶层边筋长 = 顶层净高 - 非连接区 $\max(h_n/6, h_c, 500) + 500$ - 保护层厚度 + $12d$

$\qquad\qquad = 3600 - \max(3600/6, h_c, 500) + 500 - 30 + 12 \times 20 = 3710mm$

3. 箍筋的计算

大套箍筋长 = 周长 - $8 \times$ 保护层厚度 + $1.9d \times 2 + \max(10d, 75) \times 2$

$\qquad\qquad = 500 \times 4 - 8 \times 30 + 11.9 \times 2 \times 8 = 1950.4mm$

小套箍筋长 = 周长 - $8 \times$ 保护层厚度 + $1.9d \times 2 + \max(10d, 75) \times 2$

$\qquad\qquad = [(500 - 2 \times 30)/3] \times 2 + (500 - 2 \times 30) \times 2 + 23.8 \times 8 = 1363.73mm$

基础内箍筋根数 = (基础高 - 保护层厚度)/500 + 1 = (1000 - 40)/500 + 1 = 3 根

$L_{aE} = 33d = 33 \times 22 = 762mm$，$L_{lE} = 46d = 46 \times 22 = 1012mm$

一层箍筋：

下部箍筋加密区长度 $= H_n/3 = 3900/3 = 1300mm$

搭接范围加密区长度 $= L_{1E} \times 1.3 + L_{1E} = 1012 \times 1.3 + 1012 = 2327mm$

上部加密区长度 $= 3900 - 1300 - 2327 + 梁高 = 273 + 500 = 773mm < 600 + 500 = 1100mm$

一层箍筋根数 $= \dfrac{1300 - 50}{100} + 1 + \dfrac{2327}{100} - 1 + \dfrac{3900 - 1300 - 2327 + 500 - 50}{100} + 1 = 45$ 根

二层箍筋：下部加密区 $= \max(3600/6, 500, 500) = 600mm$

　　　　　搭接范围加密区长度 $= L_{1E} \times 1.3 + L_{1E} = 1012 \times 1.3 + 1012 = 2327.6mm$

　　　　　上部加密区 $= 3600 - 600 - 2327 + 500 = 1173 > 600 + 500 = 1100mm$

二层根数 $= \dfrac{600 - 50}{100} + 1 + \dfrac{2327}{100} + 1 + \dfrac{1100 - 50}{100} + 1 = 43$ 根

三层箍筋根数计算过程同二层 $= 43$ 根

大套箍筋根数 $= 3 + 45 + 43 + 43 = 134$ 根

小套箍筋根数 $= (3 + 45 + 43 + 43) \times 2 = 268$ 根

三、剪力墙

某剪力墙配筋如图 8-13 所示，各类设计条件见表 8-12，计算其钢筋 3 用量。

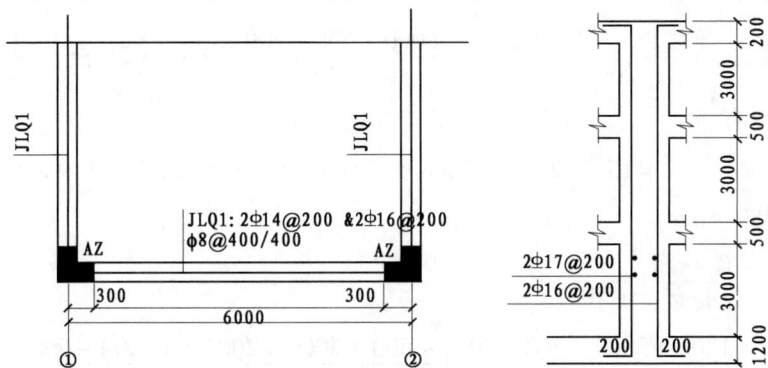

图 8-13　案例三图（尺寸单位：mm）

计 算 条 件

表 8-12

混凝土强度等级	保护层厚度	抗 震 等 级	定 尺 长 度	连 接 方 式	拉结筋布置方式
C30	15mm	一级	9000mm	绑扎	矩形

$L_{aE} = 33d = 33 \times 14 = 462mm$，水平筋锚固方式参照 16G101-1 图集第 71 页，构造（三）。

外侧水平筋长 $= (6200 - 15 \times 2) + 0.8 \times 33 \times 14 \times 2 = 6909.2mm$

内侧水平筋长 $= 净跨长 + （支座宽 - 保护层厚度）\times 2 + 15d \times 2 = 6000 - 600 + (400 - 15) \times 2 + 15 \times 14 \times 2 = 6590mm$

水平筋根数:

基础内水平筋根数参照 16G101-3 图集第 64 页 1-1 剖切构造。

$$水平筋根数 = \frac{1200-40}{500}+1 = 3 \text{ 根}$$

$$首层水平筋根数 = \frac{层高-50}{2} = \frac{3500-50}{200}+1 = 19 \text{ 根}$$

$$二层水平筋根数 = \frac{层高-50}{2} = \frac{3500-50}{200}+1 = 19 \text{ 根}$$

$$顶层水平筋根数 = \frac{层高-50}{2} = \frac{3200-50}{200}+1 = 17 \text{ 根}$$

$L_{aE} = 33d = 33 \times 16 = 528 \text{mm} \leqslant 1200 \text{mm}$

竖向筋长:$\max(6 \times 16, 150) = 150 \text{mm}$

$$第一批基础层插筋 = \max(6 \times 16, 150) + 基础高 - 保护层 + 1.2 L_{aE}$$
$$= 150 + 1200 - 40 + 1.2 \times 528 = 1943.6 \text{mm}$$

第二批基础层插筋 $= L_{aE} + 1.2 L_{aE} = 33 \times 16 + 1.2 \times (33 \times 16) = 1161.6 \text{mm}$

首层竖向筋长 = 净高 + 梁高 + $1.2 \times L_{aE}$ = 3000 + 500 + 1.2 × 528 = 4133.6mm

二层竖向筋长 = 净高 + 梁高 + $1.2 \times L_{aE}$ = 3000 + 500 + 1.2 × 528 = 4133.6mm

顶层竖向筋长 = 层高 - 保护层厚度 + 12d = 3200 - 15 + 12 × 16 = 3377mm

$$竖向筋根数 = \frac{净跨长 - 间距 \times 2}{200} + 1 = \frac{6000 - 600 - 200 \times 2}{200} + 1 = 26 \text{ 根}$$

其中第一批有 $26/3 \times 2 = 17$ 根,第二批有 9 根。

$$拉筋长 = (墙厚 - 2 \times 15) + 2 \times (1.9 \times d + 5 \times d)(200 - 15 \times 2) + (1.9 \times 8 + 5 \times 8) \times 2$$
$$= 280.4 \text{mm}$$

$$拉筋根数 = \frac{墙身净面积}{拉筋布置面积}$$

$$= \frac{(1200 + 3000 + 500 + 3000 + 500 + 3000 + 200) \times (6000 - 600)}{400 \times 400} = 385 \text{ 根}$$

四、板

某楼板配筋如图 8-14 所示,各类设计条件见表 8-13,计算其钢筋用量。

计算条件   表 8-13

混凝土强度等级	板保护层厚度	分 布 筋	柱 截 面	柱 设 置	梁角筋直径	梁保护层厚度
C30	15mm	φ6@250	300 × 300	轴线居中设置	20mm	25mm

1 号筋长度 = 标注长度 + 锚入梁内的长度 + 板厚 - 保护层厚度

= 标注长度 + 梁宽 - 保护层厚度 - 外侧梁角筋直径 + 板厚 - 保护层厚度

$$= 1000 + 150 - 25 - 20 + 15 \times 10 + 120 - 15 \times 2 = 1345\text{mm}$$

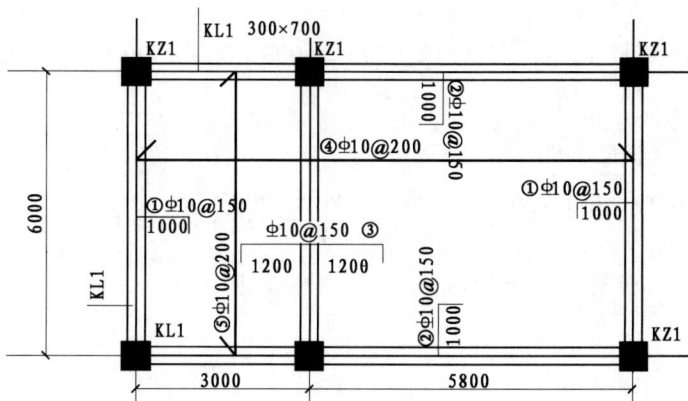

图 8-14　案例四图(尺寸单位:mm)

1 号筋根数 $= \dfrac{\text{净跨长} - \text{板筋间距}}{\text{板筋间距}} + 1 = \dfrac{6000 - 300 - 150}{150} + 1 = 38$ 根

1 号筋分布筋长度 $= 6000 - 2000 + 150 \times 2 = 4300\text{mm}$(分布筋和负筋搭接 150mm)

1 号筋分布筋根数 $= \dfrac{\text{支座钢筋板内净长} - \text{分布筋起始距离}}{\text{分布筋间距}} + 1$

$$= \dfrac{1000 - 50}{250} + 1 = 5 \text{ 根}$$

2 号筋长度 $= 1000 + 150 - 25 - 20 + 15 \times 10 + 120 - 15 \times 2 = 1345\text{mm}$

2 号筋根数 $= \dfrac{3000 - 300 - 150}{150} + 1 + \dfrac{5800 - 300 - 150}{150} + 1 = 55 \text{ 根}$

2 号筋分布筋长度 $= 3000 - 1000 - 1200 + 150 \times 2 + 5800 - 1200 - 1000 + 150 \times 2$

$$= 5000\text{mm}$$

2 号筋分布筋根数 $= \dfrac{1000 - 50}{250} + 1 = 5 \text{ 根}$

3 号筋长度 $= \text{左标注长度} + \text{右标注长度} + (\text{板厚} - \text{上下保护层厚度}) \times 2$

$$= 1200 + 1200 + (120 - 15 \times 2) \times 2 = 2580\text{mm}$$

3 号筋根数 $= \dfrac{6000 - 300 - 150}{150} + 1 = 38 \text{ 根}$

3 号筋分布筋长度 $= 6000 - 2000 + 150 \times 2 = 4300\text{mm}$

3 号筋分布筋根数 $= \left[\dfrac{(1200 - 150 - 50)}{250} + 1 \right] \times 2 = 10 \text{ 根}$

4 号筋长度 $= \text{净跨长} + \max\left(\dfrac{1}{2}\text{支座宽}, 5d\right) \times 2 = 5800 + 3000 - 150 \times 2 + 150 \times 2$

$$= 8800\text{mm}$$

$$4 号筋根数 = \frac{净跨 - 板筋间距}{板筋间距} + 1 = \frac{6000 - 300 - 200}{200} + 1 = 29 根$$

$$5 号筋长度 = 净跨长 + \max(\frac{1}{2}支座宽, 5d) = 6000 - 300 + 150 \times 2 = 6000mm$$

$$5 号筋根数 = \frac{净跨 - 板筋间距}{板筋间距} + 1$$

$$= \frac{3000 - 300 - 200}{200} + 1 + \frac{5800 - 300 - 200}{200} + 1 = 42 根$$

注:1号、2号和3号筋为支座钢筋,4号、5号为底筋。

五、基础

某基础配筋如图 8-15 所示,各类设计条件见表 8-14,计算其钢筋用量。

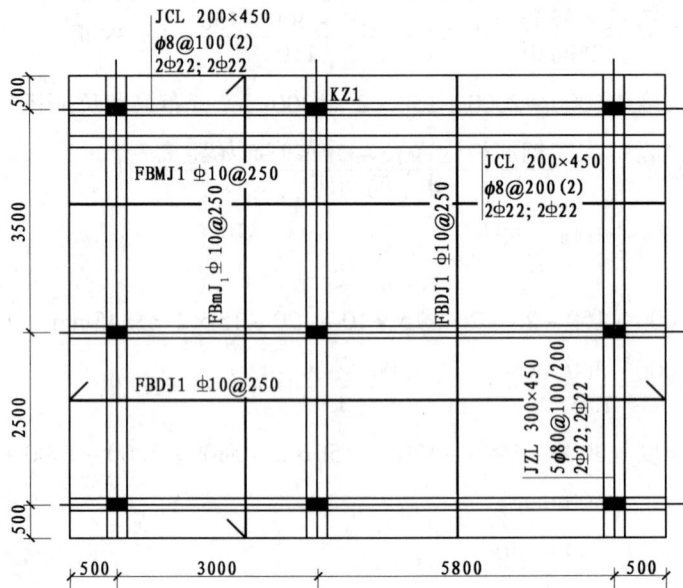

图 8-15 案例五图(尺寸单位:mm)

计 算 条 件   表 8-14

混凝土强度	基础保护层厚度	抗 震 等 级	定 尺 长 度	连 接 方 式
C30	40	一级	9000	绑扎

$L_{1E} = 46d = 46 \times 10 = 460mm$

筏板横向底筋长度 = 总长 - 保护层厚度 × 2 + L_{1E} + 12d × 2

$$= 3000 + 5800 + 1000 - 40 \times 2 + 460 + 12 \times 10 \times 2$$

$$= 10420mm$$

$$筏板横向底筋根数 = \frac{净跨长 - \min(底筋间距/2, 75) \times 2}{250} + 1$$

$$= \left[\frac{500 - 100 - 150}{250} + 1\right] \times 2 + \frac{2500 - 200 - 150}{250} + 1 +$$

$$\frac{3500 - 200 - 150}{250} + 1 = 28 \text{ 根}$$

筏板竖向底筋长度 $= 2500 + 3500 + 1000 - 40 \times 2 + 12 \times 10 \times 2 = 7160\text{mm}$

$$筏板竖向底筋根数 = \left[\frac{500 - 150 - 150}{250} + 1\right] \times 2 + \frac{3000 - 300 - 150}{250} + 1 +$$

$$\frac{5800 - 300 - 150}{250} + 1 = 39 \text{ 根}$$

筏板横向面筋长度 $= 3000 + 5800 + 1000 - 40 \times 2 + 460 + 12 \times 10 \times 2 = 10420\text{mm}$

$$筏板横向面筋根数 = \left[\frac{500 - 100 - 150}{250} + 1\right] \times 2 + \frac{2500 - 200 - 150}{250} + 1 +$$

$$\frac{3500 - 200 - 150}{250} + 1 = 28 \text{ 根}$$

筏板竖向面筋长度 $= 2500 + 3500 + 1000 - 40 \times 2 + 12 \times 10 \times 2 = 7160\text{mm}$

$$筏板竖向面筋根数 = \left[\frac{500 - 150 - 150}{250} + 1\right] \times 2 + \frac{3000 - 300 - 150}{250} + 1 +$$

$$\frac{5800 - 300 - 150}{250} + 1 = 39 \text{ 根}$$

基础主梁上部通长筋长度 $=$ 总长 $-$ 保护层厚度 $\times 2 + 12d \times 2$

$$= 2500 + 3500 + 1000 - 40 \times 2 + 12 \times 22 \times 2 = 7448\text{mm}$$

基础主梁下部通长筋长度 $=$ 总长 $-$ 保护层厚度 $\times 2 + 12d \times 2$

$$= 2500 + 3500 + 1000 - 40 \times 2 + 12 \times 22 \times 2 = 7448\text{mm}$$

基础主梁箍筋长度 $=$ 周长 $-$ 保护层厚度 $+ 1.9d \times 2 + \max(10d, 75) \times 2$

$$= (300 + 450) \times 2 - 8 \times 40 + 11.9 \times 8 \times 2 = 1370.4\text{mm}$$

$$基础主梁箍筋根数 = \left[\frac{500 - 100 - 100}{100} + 1\right] \times 2 + \frac{2500 - 200 - 400 \times 2 - 100}{200} - 1 +$$

$$10 + \frac{3500 - 200 - 400 \times 2 - 100}{200} - 1 + 10$$

$$= 45 \text{ 根}$$

$l_{1E} = 46d = 46 \times 22 = 1012$

基础次梁上部通长筋长度 $= ($总长 $-$ 保护层 $\times 2) + 12d \times 2 + L_{1E}$

$$= (3000 + 5800 + 1000 - 40 \times 2) + 12 \times 22 \times 2 + 1012$$

$$= 10660\text{mm}$$

基础次梁下部通长筋长度 = (总长 − 保护层 × 2) + 12d × 2 + L_{lE}

$$= (3000 + 5800 + 1000 − 40 × 2) + 12 × 22 × 2 + 1012$$

$$= 11260mm$$

基础次梁箍筋长度 = 周长 − 保护层厚度 + 1.9d × 2 + max(10d, 75) × 2

$$= (200 + 450) × 2 − 8 × 40 + 11.9 × 8 × 2 = 1170.4mm$$

基础次梁箍筋根数 = $\dfrac{净跨长 − 起始距离}{箍筋间距} + 1$

$$= \frac{500 − 150 − 100}{200} + 1 + \frac{3000 − 300 − 100}{200} + 1 +$$

$$\frac{5800 − 300 − 100}{200} + 1 + \frac{500 − 150 − 100}{200} + 1 = 48 \ 根$$

六、楼梯

某梯段板配筋如图 8-16 所示,混凝土强度等级 C25,计算其钢筋用量。

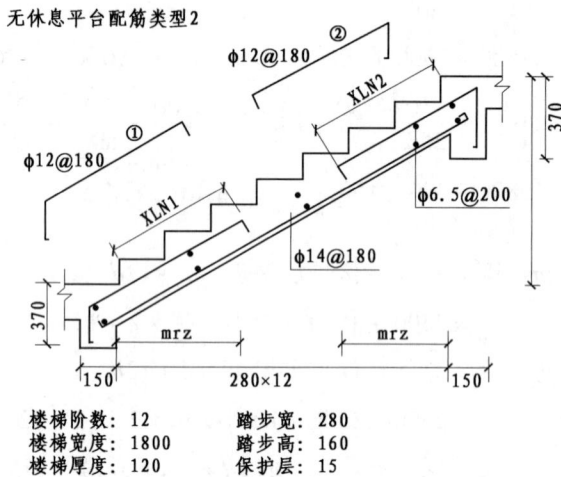

图 8-16　案例六图(尺寸单位:mm)

(1)受力筋φ14@180:

$$k = \frac{\sqrt{b_s^2 + h_s^2}}{b_s} = \frac{\sqrt{280^2 + 180^2}}{280} = \frac{322.5}{280} = 1.152$$

长度 = 280 × 12 × k + 2 × max(5d, k × h/2) = 280 × 12 × 1.152 + 2 × max(5 × 14, 86.3)

$$= 4043.3mm$$

根数 = (1800 − 15 × 2)/180 + 1 = 11 根

(2)受力筋的分布筋φ6.5@200:

长度 = (1800 − 15 × 2) + 6.25 × 6.5 × 2 = 1851.25mm

$$根数 = \frac{楼梯斜净长 - 2 \times 50}{间距} + 1 = \frac{3869.88 - 2 \times 50}{200} + 1 = 20\ 根$$

（3）1 号支座负筋 φ12@180：

长度 = 板厚 $- 2 \times$ 保护层厚度 + 楼梯投影净跨 $[L_n/4 + \max(0.35L_{ab}, b-c)] \times K + 15d$

$$= 120 - 2 \times 15 + \left(\frac{280 \times 12}{4} + 150 - 15\right) \times 1.152 + 15 \times 12 = 1393.2\text{mm}$$

$$根数 = \frac{1800 - 15 \times 2}{180} + 1 = 11\ 根$$

（4）1 号支座筋的分布筋 φ6.5@200

长度 $= (1800 - 15 \times 2) + 6.25 \times 6.5 \times 2 = 1851.25\text{mm}$

$$根数 = \frac{280 \times \dfrac{12}{4} \times 1.152 - 50 \times 2}{200} + 1 = 6\ 根$$

（5）2 号支座负筋 φ12@180：

长度 = 板厚 $- 2 \times$ 保护层 + 楼梯投影净跨 $\left[\dfrac{L_n}{4} + \max(0.35L_{ab}, b-c)\right] \times K + 15d$

$$= 120 - 2 \times 15 + \left(\frac{280 \times 12}{4} + 150 - 15\right) \times 1.152 + 15 \times 12 = 1393.2\text{mm}$$

$$根数 = \frac{1800 - 15 \times 2}{180} + 1 = 11\ 根$$

（6）2 号支座筋的分布筋 φ6.5@200

长度 $= (1800 - 15 \times 2) + 6.25 \times 6.5 \times 2 = 1851.25\text{mm}$

根数 $= (280 \times 12/4 \times 1.152 - 50 \times 2)/200 + 1 = 6\ 根$

参 考 文 献

［1］ 中国建筑标准设计研究院.16G101-1　混凝土结构施工图平面整体表示方法制图规则和构造详图［S］.北京：中国计划出版社,2016.

［2］ 中国建筑标准设计研究院.16G101-2　混凝土结构施工图平面整体表示方法制图规则和构造详图［S］.北京：中国计划出版社,2016.

［3］ 中国建筑标准设计研究院.16G101-3　混凝土结构施工图平面整体表示方法制图规则和构造详图［S］.北京：中国计划出版社,2016.

［4］ 高竞.平法结构钢筋图解读［M］.北京：中国建筑工业出版社,2009.

高职高专土建类专业系列教材图书目录

序号	书号 978-7-114-	书名	著译者	定价(元)
1	12631-4	建筑材料与检测(第三版)	宋岩丽	42.00
2	16618-1	建筑工程计量与计价(第4版)	蒋晓燕	58.00
3	08462-1	建筑工程施工图实例图集	蒋晓燕	38.00
4	12637-6	建筑法规(第三版)	马文婷、隋灵灵	42.00
5	14863-7	建筑识图与构造	董罗燕	42.00
6	13098-4	建筑识图与构造技能训练手册(第二版)	金梅珍	38.00
7	12663-5	地基与基础(第三版)	王秀兰	38.00
8	12644-4	建筑工程质量与安全管理	程红艳	36.00
9	12920-9	建设工程监理概论(第三版)	杨峰俊	35.00
10	13880-5	建筑工程技术资料管理(第三版)	李媛	40.00
11	13913-0	新平法识图与钢筋计算(第二版)	肖明和	43.00
12	13672-6	建筑装饰装修工程预算(第三版)	吴锐	43.00
13	13558-3	建筑装饰装修工程预算习题集与实训指导(第三版)	吴锐	30.00
14	13648-1	园林绿化工程预算	吴锐	38.00
15	13979-6	建筑构造与识图(第三版)	张艳芳	48.00
16	13687-0	建筑构造与识图习题与实训(第三版)	张艳芳	26.00
17	13311-4	建筑工程预算(第三版)	王晓薇	38.00
18	13157-8	建筑工程预算实训指导书与习题集(第三版)	程颢　罗淑兰	25.00
19	13220-9	建筑结构(第二版)	盛一芳　刘敏	52.00
20	08947-3	建筑工程CAD(第二版)	张小平	36.00
21	09269-5	建筑施工技术(第二版)	危道军	49.00
22	10863-1	工程测量	王晓平	39.00
23	09684-6	建筑工程质量事故分析与处理(第二版)	余斌	39.00
24	16619-8	钢结构构造与识图(第2版)	马瑞强	48.00
25	08602-1	广联达工程造价类软件实训教程—案例图集(第二版)	广联达公司	25.00
26	08579-6	广联达工程造价类软件实训教程—图形软件篇(第二版)	广联达公司	20.00
27	08580-2	广联达工程造价类软件实训教程—钢筋软件篇(第二版)	广联达公司	15.00
28	18305-8	Python土力学与基础工程计算	马瑞强	68.00